张弛有度 才能策马扬鞭

摒弃紧张情绪

主编 拾月
编著 冯雪

图书在版编目（C I P）数据

张弛有度 才能策马扬鞭：摒弃紧张情绪 / 冯雪编著. -- 北京：现代出版社, 2015.4
ISBN 978-7-5143-3502-6

Ⅰ. ①张… Ⅱ. ①冯… Ⅲ. ①情绪－自我控制－青少年读物 Ⅳ. ①B842.6-49

中国版本图书馆 CIP 数据核字(2015)第 067926 号

张弛有度 才能策马扬鞭：摒弃紧张情绪

主　　编 拾　月
编　　著 冯　雪
责任编辑 王敬一
内文制作 诚美天下文化传播有限公司
出版发行 现代出版社
地　　址 北京市安定门外安华里 504 号
邮　　编 100011
电　　话 (010)64267325
传　　真 (010)64245264
邮　　箱 xiandai@cnpitc.com.cn
网　　址 www.1980xd.com
印　　刷 三河市华晨印务有限公司
开　　本 700mmx1000mm　1/16
印　　张 9
版　　次 2015 年 5 月第 1 版　2021 年 4 月第 3 次印刷
书　　号 ISBN 978-7-5143-3502-6
定　　价 29.80 元

前言

每个青少年，都是这个社会中宝贵的财富，正所谓“少年强则国强”，大至一个民族、一个国家，小至一个家庭、一个家族，都应重视青少年的教育问题。除此之外，也应该重视青少年在这个青春期里，是否能够感受到人世间的善、恶、美、丑。在每个人的人生中，除了需要自身独特的性格之外，还需要拥有感受世界的能力。

勇气、淡定，是面对生活中挫折和荣耀时，该拥有的魄力和态度。

浪漫、珍惜，是成长路上的一种幸福，情感路上的一种懂得。

孝道、感恩，是乌鸦反哺、羔羊跪乳的做人之本，是成就阳光人生的支点。

紧张、守候，是释放无形压力，是量变到质变的成功。

大气、做人，是超凡脱俗后的快乐，是收获友情的聚宝盆。

青春，是每一个人最美好的一段时光，是人格、性格定型的重要阶段。在这个时期，我们需要享受青春的快乐，同时也需要完成自我塑造。通过心理自助，最终从一个小男生、小女生逐渐成长为一个有着健全人格的人，成长为一个对社会、对家庭、对自我有着相对完整认知的人，对自己的未来做主的人，这才是一个最充实、最有价值的青春。每个梦想都值得我们认真对待，每个青少年都是未来的希望。在青春中，我们不仅要有欢乐，同时也要拥有未来！

本丛书是你化解烦恼的“心灵鸡汤”，可以给你快乐的心理自助；本丛书会让你认识到：掌控心理，方能掌控世界；改变自己，才能改变一切。本丛书还将告诉你：只有实现积极的心理自助，才能收获快乐而充实的青春。

目录

第一篇 管理情绪：用好心态抚慰种种不安

第二篇 拥有自信：身处窘境照样能一笑而过

第三篇 倾听内心：时不时地和内心谈一谈

目录

第四篇 释放压力：懂得放手，轻松自来

第五篇 亲近自然：在最广阔的胸怀里享受美好

第一篇

管理情绪：用好心态抚慰种种不安

情绪，是一个人内心深处心情的真实反映，是一个人喜怒哀乐的具体展现。在孩提时代，情绪是放肆地哭泣，和快乐的欢笑；在成人世界里，情绪却成为一种负累，因为现实因素，他们不能肆意欢笑，也无法肆意发泄。所以，在人成熟了之后，首先要学会的一种能力，就是管理自己的情绪。

把心放宽，前路自然宽广

故事话题

在三国时期的蜀国，诸葛亮在去世之后，因为不放心朝政就培养了一个自己的接班人，名叫蒋琬。蒋琬当了宰相之后，有个下属叫作杨戏，此人性格孤僻，不善言辞，即便是当着自己顶头上司的时候，都非常冷漠且不谙人情世故。

自然其他大臣们就看不惯杨戏的做法，都认为这个人不识时务，纷纷都跑到蒋琬面前告状，说：“杨戏此人目无领导，对您的态度是如此怠慢，实在是太不像话了！”

蒋琬听闻之后，却是连连摆手，说道：“你说错了，他对我并非是真的怠慢。”

告状之人一听，觉得非常奇怪，就问：“他见了您，一句话不说，还不是怠慢吗？”

蒋琬坦然地说道：“每个人的成长环境不同，脾气秉性自然也就不同。杨戏不是那种会恭维人的官员，所以让他当着我的面说赞扬我的话，他做不到；可是如果让他当着众人的面说我做的不好的地方，他又觉得这样是让我下不来台，所以只好默不作声。没想到反而被你们说是他怠慢于我。殊不知，这正是他的可贵之处。”

告状之人一听，果然还是蒋琬眼光独到，同时也能心胸宽广，所以就称赞蒋琬“宰相肚里能撑船”。

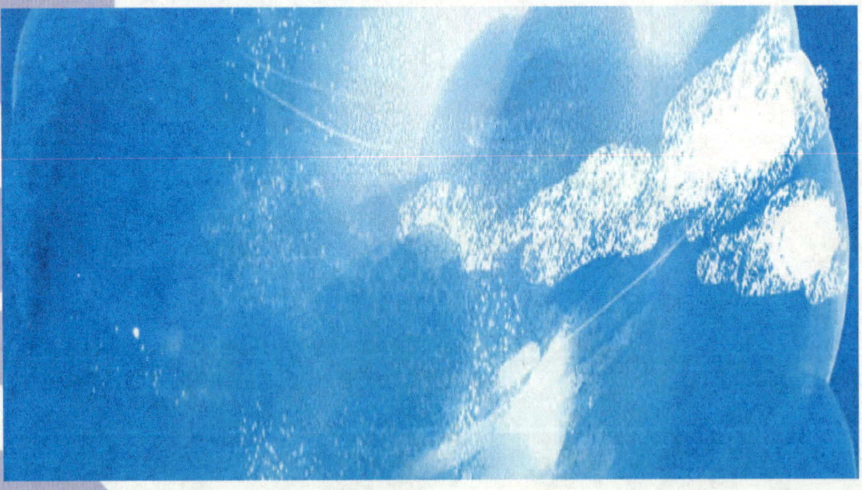

故事解析

宽容之心，能够让一个人的内心变得强大，能够让一个家庭变得和睦，能够让整个社会变得和谐。宽容，是社交场合中非常重要的一种品质，任何人都喜欢和一个心胸宽广的人成为朋友，而不愿意和心胸狭隘的人有接触。

蒋琬对待杨戏的宽容，并不仅仅是展现出自己作为一名宰相的心胸，同样也是“为官之道”的智慧。有很多时候，宽容能够化解很多潜在的矛盾，正所谓“忍一时风平浪静，退一步海阔天空”，说的就是这个道理。

人作为一种社会性的存在，常常都要和别人产生接触、沟通，有了沟通势必就会产生矛盾，这些都是无法避免的事情，我们能够改变的只有自己的心态。

宽容地对待身边的人和事，收获的自然就是一份平和自然的心境，小人之心度君子之腹，看到的也只能是世界的阴暗面；宽容地对待朋友，自然能够收获真正的友谊，天天算计，最终也只能落下个“机关算尽太聪明”。

故事穿越

彭德怀元帅出生在湖南省湘潭县一个叫镇乌石寨彭家围子的地方，由于家境贫困，他只念过两年书，15岁便辍学务农。在参加革命之后，他也一直都保持着艰苦朴素的作风，不仅如此，他待人宽容，从来都不因为自己是长官而让士兵感到任何压力。

那还是他担任红军三军团总指挥的时候，有一天，彭德怀带领几十个人到阵地前沿去观察地形，于是就命令传令兵手执红旗边跑边喊让路，意思就是首长要出来视察地形，大家让开一点。

可没想到的是，有一个新来的士兵根本就不懂这个意思，他傻愣愣地站在道路中间。彭德怀和其他领导走到这里的时候，就冲着士兵嚷了两句，结果这名士兵还以为是来找茬打架的，竟然冲着彭德怀就挥起了拳头。

众人一看，这还得了，竟然当众殴打自己的长官，连忙将他拦了下来。彭德怀心里着急考察阵地地形，也不再理会。

等到彭德怀回到指挥部之后，传令兵已经将刚才那个冒犯了他的士兵捆绑好带过来。这名士兵原本只是因为刚刚当兵并不熟悉军营的生活，并且也不认识那就是自己的最高指挥官，但军队中基本的道理他还是知道的。所以当他听说自己刚才打的人竟然就是彭德怀总指挥的时候，完全吓傻了。

彭德怀一看这名士兵，就问道："他可有问题？"

传令兵立刻回答道："他是新兵，不知道首长您就是彭总指挥。"

"那还绑着干什么！"随后，彭德怀又安抚了下他，便让这名士兵回到了自己的部队中去。后来这名士兵逢人就说，"彭总指挥真实宽宏大量，果然是将军之风！"

故事微语

宽容，是一份坦荡的胸襟。纵观历史，能够名留青史的人，大都有一份宽容之心。每个人的精力都是有限的，如果将自己的精力放在整日算计个人得失上，很难在其他方面有所建树。

宽容，是一种宽厚的气度。看淡别人的错误，更能彰显出大将之风。新入伍的士兵还未能适应部队的生活，也不知道彭德怀就是他的首长，尽管他当着众人的面冒犯了长官，可是彭德怀却认为这些都是情有可原，正所谓“不知者不怪罪”，所以他丝毫不予计较。

宽容，是人类社会和谐共处的一种原则。在我们的现实生活中，时常会遇到各种摩擦、矛盾，只要用宽容的心态去看待，我们才能感受到生活中的美好。

有很多时候，我们常常会为了一些小事而产生烦恼，甚至是和人产生口角之争，如果都能在心中多一份宽容，很多事情自然就迎刃而解了。

心灵箴言

开诚心，布大度。

——康有为

最高贵的复仇之道是宽容。

——[法] 雨果

宽宏精神是一切事物中最伟大的。

——欧文

自出洞来无敌手，得饶人处且饶人。

——善棋道人

宽容并不是姑息错误和软弱，而是一种坚强和勇敢。

——周向潮

左右情绪，而不是被情绪左右

故事话题

林肯平日就是一个善于管理自己情绪的人，无论遇到多么大的难事，都看不到他暴躁不安的状态。他之所以能够面对什么事情都能保持如此淡定，也是有自己的秘诀的。

有一天，军部长斯坦顿怒气冲冲地来到了林肯的办公室，刚一进门就大声喊道：“气死我了！气死我了！真是气死我了！”

林肯一听连忙放下手里的事物，询问究竟发生了什么事情，竟然把他

气成这个样子。原来，一位少将因为不认同斯坦顿处理事情的做法，就用侮辱的话写了一封信邮寄给他。

林肯问道：“那你接下来打算怎么办呢？”

“还能怎么办？我一定要用一封内容尖刻的信件好好回敬那个家伙！”

“这是一个不错的方法，可以狠狠地骂他一顿！”林肯连连点头。

就在林肯的办公室里，斯坦顿写了一封措辞强烈的信件，并且交给林肯看。林肯阅读完，连声叫好，这顿骂可真为是酣畅淋漓啊！

可就在斯坦顿准备将这封信装进信封里邮寄的时候，林肯连忙拉住了

他，说道：“不要胡闹！这封信你当然不能真的寄出去！”

斯坦顿这下子有些丈二和尚摸不着头脑了，就问道：“这不是你同意的吗？”

林肯笑了笑说：“刚才你正在气头上，写出来的信不过是情绪上的一种发泄，这封信写完了，就解气了，自然就能够理智地回信了。我都是这么做的。”

原来林肯之所以能够坦然面对任何难堪，并非是因为他没有脾气，而是选择通过写信痛骂来发泄自己的情绪。

故事解析

人非草木，孰能无情，每个人都会有属于自己的喜怒哀乐，也会有属于自己的情绪，这些都是再正常不过的事情。可是当我们走进职场之中，就会发现，情绪常常让你无法理智地分析事情、无法和谐地与人共处，这些都是负面情绪带来的负面影响。

生活中、工作中常常会有很多让人感到不快的原因和理由，进而产生各种不良的情绪。就如同斯坦顿一样，当他得知自己竟然被比自己军衔小那么多的人用侮辱性语言指责的时候，他不良情绪就占了上风。如果此时没有林肯的阻拦，那么后果会是什么呢？就是他无法在和这位写信侮辱他的官员和平共处。争论一时得失，却让自己的国家承担过失吗？

有很多时候，我们都会因为情绪问题而将自己陷入一种怪圈中，因为负面情绪而造成了负面后果，最终又因为负面后果而导致一系列的负面情绪，周而复始，从此进入了恶性循环之中，无法走出来。

每个人都是自己的主人，更应该是自己情绪上的主人，学会让自己不被不良情绪所左右，学会控制自己的情绪，让事情和心情都进入一种良性循环之中，这才是真正的智慧。

故事穿越

唐朝著名的法师慧宗禅师是一个得道高僧，常常会云游各地给众人讲经说法。可是慧宗禅师非常喜欢兰花，在寺院内种植了数十盆兰花，每次他出门的时候，都是由他的弟子们代为照看。

有一次，慧宗禅师又出去讲经说法，但是因为深夜下了大暴雨，弟子们一时疏忽，没有将兰花收到屋子里。经过这一夜之后，所有的兰花都被暴风雨吹得支离破碎，甚至连花盆都摔碎在地上。

徒弟们深知师傅十分宝贝这数十盆兰花，每次出门前都会叮嘱弟子们好生照看，这下子他们都觉得，等到慧宗禅师回到寺院之后，一定不会饶过他们的。

十几天过去之后，慧宗禅师返回寺院，可是当他走进寺院之后，却看到众弟子都跪倒在地，甚至有些胆小的弟子身体都开始发抖。这让慧宗禅师非常奇怪，就连忙问到底发生了什么。

几个年龄较大的弟子连忙告知兰花已经被暴雨损坏的事情，并说众弟子已经做好了受罚的准备。说完便低下了头。

可是没想到的是，慧宗禅师并没有露出任何生气的表情，神态依旧是非常平静，他轻声说道："当初，我不是为了生气而种兰花的。"

就是这样一句看似平淡无奇的话，让在场的弟子们听闻之后，醍醐灌顶，顿时大彻大悟……

故事微语

弟子们因为没有按照慧宗禅师临行前的叮嘱，好生照顾那些兰花，导致这些兰花都在暴风雨中被砸死。可是当慧宗禅师回到寺院之中，却并没有因为他们的这个失误而生气。

这绝不是他并不爱惜那些兰花，而是知道“迁怒”完全没有任何作用，尽管自己是发泄了心中的不良情绪，可这只是将自己的情绪转嫁给了自己的弟子们。更重要的是，他心里更清楚，当初他种植这些兰花是因为自己的珍爱，而不是为了自己要生气。尽管这些损失让他很遗憾，但是却不能成为他迁怒于人的理由。

每一天，我们都会遇到一些并不遂人愿的事情，这些事情常常会影响到我们的情绪、积极的信心。这些都是无法避免的，毕竟没有人能够每天都过得一帆风顺，所以我们需要在内心中安放一个“情绪管理管家”，让自己不断释放正能量，调整自己的情绪。

一般而言，人的情绪只分为正面情绪和负面情绪，当正面情绪占领上风的时候，我们全身就如同充满了电的电池一样充满了斗志，而当负面情绪占领上风的时候，我们就如同霜打的茄子一般失去了所有的动力。

所以，情绪对于我们而言是非常重要的动力之一，让我们成为自己情绪的主人，让情绪发挥出最大的作用。

心灵箴言

最高贵的复仇是宽容。

——[法] 雨果

与人为善就是善于宽谅。

——[美] 弗罗斯特

遇方便时行方便，得饶人处且饶人。

——吴承恩

宽容就如同自由，只是一味乞求是得不到的，只有永远保持警惕，才能拥有。

——汪国真

宽容就像天上的细雨滋润着大地。它赐福于宽容的人，也赐福于被宽容的人。

——[英] 莎士比亚

别让忧虑毁了轻松和微笑

故事话题

古希腊著名的大哲学家苏格拉底从来都不会因琐事而影响自己的心情，更不会因此而感觉到焦虑。从“住房”这一件事情上就能看出苏格拉底是一个非常懂得管理自己情绪的人。

在苏格拉底还是一名快乐的单身汉的时候，他和几个志同道合的朋友一起住在只有十几平方米的小屋子里。尽管大家常常因为生活不便而产生抱怨，可是苏格拉底每天都非常开心。就有朋友问他，“这么多人挤在一起，你怎么还这么高兴呢？”

苏格拉底回答道：“朋友们能够相聚在一起就是缘分，屋子虽小，可是我们能够时时刻刻交换思想、沟通感情，这难道不是一件开心的事情吗？”

过了一段日子，朋友们相继成家，就陆陆续续地搬走了，到最后这间狭小的屋子里只剩下苏格拉底一个人。可是他没有任何孤独感，仍然是非常开心。其他已经离开的朋友回来看望他的时候，就问他：“一个人居住会不会觉得太寂寞了呢？”

苏格拉底就回答说：“怎么会呢？现在有很多书陪伴着我，我怎么会感到寂寞呢？”

后来，苏格拉底结婚了，就搬到了一栋大楼的最底层。在那个年代，由于城市规划并不完善，最底层永远都是伴随着污水、死老鼠、垃圾堆等脏东西，有人就问苏格拉底：“居住在这种环境中，你难道不觉得不舒服吗？”

苏格拉底就反问道：“我为什么不觉得舒服？你们一定不知道住在一楼的好处，进了屋门就等于进了家，不用爬很高的楼梯，就连搬东西也不用花很大力气搬上去，你看你们来了，只要一进楼门就找到了我的家，多么方便啊！”

就在他刚说完这句话之后的一

年，一个朋友因为自己的父亲瘫痪了，而他家住在七楼，照顾父亲上下楼非常不便，就提出和苏格拉底换一下房子。苏格拉底很爽快地就同意了。这下子，朋友又跑来故意问道："去年你还跟我说住在底层的种种好处，那现在住在顶楼是不是也有很多好处呢？"

"那是自然的啊，你看我每天爬上爬下很辛苦，其实这是锻炼身体的机会，再加上顶楼比较安静，光线比较充足，你说这些难道都不是好处吗？"

苏格拉底相信，决定一个人心情的，不在乎环境，而在于心境。所以不管他居住在什么环境中，他都能够保持一个平和的心态。

故事解析

在生活中，每件事情都不是唯一性的，从不同的角度去思考，便能够得到不同的结果。可是当我们身处其中的时候，自然就会被自身的感受蒙蔽。正如同我们遇到一件事情，如果这件事情造成我们生活上产生了不便利，常常都会抱怨这件事情，可是如果换个人换种方式去处理，或许带给别人的则是好处。

正如同“住房”这件事情带给苏格拉底的感受一样，在他眼中，无论住在哪里，他都能够找出各种优点来，而他的朋友却总是在抱怨住房的不便利。这就是生活中非常典型的事情。

不可否认，我们在生活中常常会遇到一些能够让我们产生不快的事情，可是这些并不是生活的主旋律，也不是我们人生之中的主角，搜易面对这些事情，无需太过在意，只有用有这样的心态，才能坦然面对生活赋予我们人生的种种。

人生苦短，正如同那句话所说，每个人，开心的生活是一天，不开心的生活也是一天，我们为什么不选择开心呢?

故事穿越

在中国古代有一个叫作“塞翁失马焉知非福”的典故。

故事发生在战国时期，在靠近北部边城的地方住着一个叫塞翁的老人，他养了很多匹马。有一天，他饲养的一匹马在放马的时候走丢了，在古代，一匹马的价值非常昂贵，所以左邻右舍的人们都来安慰他，让他不要太过着急。

谁承想塞翁根本就不着急，反而笑着回答说：“没关系，虽然丢了一匹马，但是损失并不算太大，我还承担得起，没准还会因为这件事情带来什么福气也说不准呢。”

邻居们听完之后，都认为这是塞翁在自己安慰自己，所以也就纷纷作罢。没想到的是，在几天之后，这匹失踪的马竟然跑了回来，不仅如此，还带回了一匹匈奴的骏马。邻居们听说之后，连连称赞塞翁是未卜先知，一定是有高人指点过了。

可此时，塞翁的脸上却没有了高兴的模样，他忧虑地说道：“平白得了一匹骏马，看着是件好事，可实际上谁知道会不会是另一场祸事的开始呢？”

塞翁的儿子非常喜欢骑马，尤其是喜欢好马，当他第一眼看到这匹匈奴马的时候，就知道这是一匹上等的好马，于是他每天都骑着这匹马出游。有一天，他正骑马飞奔，突然一个趔趄，就从马背上摔了下来，好在只有腿部骨折，并没有发生踩踏事件。

塞翁一边照顾儿子，一边安慰他说：“哎，虽然伤了腿，但好歹没有伤及性命，养一段时日也就好了。”

不久之后，匈奴大举进攻，这个村落里所有的青年人都被应征入伍，可是因为塞翁的儿子刚刚受伤，不符合规矩，于是就留在了家里。而那些入伍的青年都战死在沙场之上，牺牲了自己的性命。

故事微语

生活中，总是会遭遇到一些让我们措手不及的事情，或许在短暂的时间里，这些事情会给我们造成很大的困扰，甚至会让我们感到焦躁、烦闷，可是任何事情都会有解决方式，甚至会有很多种解决方式让我们选择。这才是生活。

可是我们无须太过担心，杞人忧天，让这份忧虑冲走了我们生活中的快乐和幸福感，这才是真正的得不偿失。正如同塞翁一样，在经历幸福的事情的时候，也不忘思考一下，杜绝乐极生悲，在遭遇了不幸的时候，也要往好的地方想一想，这才是生活中的智慧。

在人生旅途中，烦躁和忧愁就好比是我们后背上的背囊，有很多时候，我们无法离开它的存在，可是背着它却有感到非常沉重。那么，不如将背囊之中无用的东西拿出来，这样自然就能够轻装上阵，轻松地面对人生的种种风景了。

心灵箴言

乐人之乐，人亦乐其乐；忧人之忧，人亦忧其忧。

——白居易

不应该追求一切种类的快乐，应该只追求高尚的快乐。

——[古希腊] 德谟克利特

一个人也许会相信许多废话，却依然能以一种合理而快乐的方式安排他的日常工作。

——[英] 诺曼·道格拉斯

我们曾经为欢乐而斗争，我们将要为欢乐而死。因此，悲哀永远不要同我们的名字连在一起。

——[捷克] 伏契克

乐观地面对眼前的危机

故事话题

在 1914 年 12 月的某一天晚上，美国新泽西州亚奥兰治市的工厂发生了一起非常重大的火灾事故，这场事故导致整个工厂损失了上百万美元的设备，更为严重的是，有很多研究工作的记录都被毁于一旦，这些比设备更为珍贵。而这个工厂的主人正是美国著名的发明家爱爱迪生。

很多工作人员都不敢告诉爱迪生，此时的他已经是一个 67 岁的老人，这家工厂是他花费一生心血建立并投入使用的，他一生之中比较重要的发明都是在这里完成的。可是现如今，一把大火将他几十年来的心血都付之一炬，如何将这种事情告诉一个年事已高的老人呢？

对于老板的态度，有的工作人员认为，爱迪生一定会暴怒至极，又或者会伤心欲绝，所以他们怀着忐忑的心情将这件事情告诉了爱迪生。

可是没想到的是，爱迪生听完之后，只是愣了一会，然后便说道："这场火灾也好，将我的错误全部都烧光了，现在我可以真正重新开始了。"

工作人员听完之后都非常敬佩爱迪生，无论在任何困难面前，爱迪生依旧是意志坚强、乐观面对的人，也正是这种精神才让爱迪生收获了成功且辉煌的一生。

故事解析

每个人在自己的人生中都会遇到各种各样的坎坷和重创，即便是已经成为著名发明家的爱迪生并不例外。可是在面对这些挫折的时候，每个人的反应都是不同的。有的人选择坚强，因为坚强是最坚硬的盾牌，能够保护住自己的内心世界；有的人选择乐观，因为乐观，才能让自己保持对生活的希望。可是当挫折来临的时候，也有很大一部分人都会选择逃避，假装没有这样的危机存在。

纵观历史，任何一个成功的人，都曾经经历过一些危机。这些危机有可能是科学发明带来的失败和他人的抨击，也有可能是政治家的错误判断而带来的仕途危机，更有可能是军事家在战场上遇到的安全危机。可是即便是面对如此危机的时刻，他们都没有选择惧怕和逃避，而是凭借着自己的实力和乐观去迎接挫折带来的考验。

正如同爱迪生在67岁高龄的时候，发明工厂竟然遭遇重大火灾，这是他一生的心血，这里面涵盖了他所有的荣誉和成就。可是当爱迪生知道这件事情之后，却并没有像其他工作人员所想的那般激动，也没有表现出任何沮丧，而是表现出一种趋于平静的乐观。

正是这样的乐观精神，让爱迪生在人生之中度过了一次又一次的危机，也让他收获到了事业上的成功。

故事穿越

著名的军事家、政治家拿破仑在战场上所向披靡，这并非是拿破仑本人有三头六臂，而是因为他的信念。

作为一个出色的军事家，在战争的过程中，始终要在脑海中坚持着自己的信念——一定要赢得最终的胜利。拿破仑就是这样做的。

有一次，拿破仑在和敌军作战的时候，突然遭遇到一股非常顽强的抵抗，给他的队伍造成了非常惨重的损失，一时之间，拿破仑和他的军队陷入了危机之中。

就在这个关键时刻，拿破仑竟然一个不慎掉进了泥潭之中，弄得满身泥泞，非常狼狈。可是拿破仑却没有被这个突然发生的状况所影响，他心理非常清楚，他就如同一面旗帜矗立在战士们的心中，如果他也到了，那么这场战争最终的结果显而易见。只有坚持自己心中的信念，才能成为士兵们最好的激励。

于是，他拔出武器，对着自己的士兵大声怒吼道："战士们！冲啊！"

如果放在平时，拿破仑虽然个子矮小，可是气场非常强大，可是今天，满身泥泞的拿破仑却显得非常滑稽，手下的士兵看到此情此景都不由地哈哈大笑起来。不过，大家也都被拿破仑的乐观、自信所鼓舞着，一时之间，战士们奋勇当先，群情激昂，最终取得了这场战争的胜利。

故事微语

危机，是人生之中潜在的一个陷阱，它可以让人们尝试到失败的滋味，也能够让人们感受到困难的坡度，而对于拿破仑而言，这种危机并不仅仅是一次简单的失败，更有可能就是流血、受伤、死去。

任何一个军事家都会在战场上面对很多次生命的危机。可是在这样的环境之中，拿破仑仍然没有放弃希望，甚至采用了一种相对非常乐观的方式，让他的士兵重新拾起了自信和希望。

乐观地面对生活中的种种困境，更是一种积极向上的心态。无论我们遇到怎样的困难，只要将这种充满了正能量的心态，自然能够帮助我们克服生活中的各种困难，从而获得最终的成功。

心灵箴言

乌云后面依然是灿烂的晴天。

——朗弗罗

生活，就应当努力使之美好起来。

——托尔斯泰

体育和运动可以增进人体的健康和人的乐观情绪，而乐观情绪却是长寿的一项必要条件。

——勒柏辛斯卡娅

我们曾经为欢乐而斗争，我们将要为欢乐而死。因此，悲哀永远不要同我们的名字连在一起。

——伏契克

人生的道路都是由心来描绘的。所以,无论自己处于多么严酷的境遇之中,心头都不应为悲观的思想所萦绕。

——稻盛和夫

克服与生俱来的恐惧心理

故事话题

畅销书《不带钱去旅行》的作者麦克·英泰尔在他 37 岁那一年做了一个非常大胆的决定，他放弃了自己收入丰厚的工作，以搭便车的方式走遍了美国。在到达最终目的地的时候，他将身上唯一剩下的 3 美元捐助给了一名流浪汉。这似乎并不是一场真正的旅行，更重要的是对于人性的考验。

这场旅行的开始，并非是因为什么太过远大的梦想，而是因为麦克·英泰尔内心深处的一份恐惧。

在他工作的某一天，他开完会走回自己的办公室，突然之间他就莫名地哭了起来，因为他在心里问自己，如果现在有人通知他，明天你就要死了，你是否后悔？他的答案是“是的”，因为他的人生太过平静，太过一帆风顺，他的生命就好似是平静似水的湖面，连一点浪花都没有起伏过。

于是他又开始回想，在自己的三十多年的时光里，他从来没有做过一件自己真正想做的事情，因为每次他想要做什么，最终都会因为恐惧而一再退缩。

为了突破自我，他决定要到北卡罗莱州的恐怖角去。周围的朋友都在劝他说，这一路上会遇到很多意想不到的困难，但是麦克·英泰尔却丝毫不退缩，他知道，如果此行他无法顺利完成，那么他一生都无法克服自己内心中的恐惧。

于是，他收拾行囊，身上只带了 3 美金。这一路上，麦克·英泰尔没有接受任何金钱的馈赠，每次都只是接受他人在食物上的帮助。他曾经在雷雨交加的夜晚谁在水泥管里，遇到过抢劫和小偷，在游民家中依靠打工换取住宿，遇到过有精神疾病却非常善良的好心人……最终，他一个人完成了 4000 多英里的路程，并最终撰写出《不带钱去旅行》这本畅销书。

故事解析

每个人内心中都会有潜在的恐惧，有的人恐高、有的人有密集恐惧症，有的人害怕在密室里独处，有的人甚至会害怕黑夜……其实各种各样的恐惧，都并非完全无法克服的。

麦克·英泰尔之所以会选择去恐怖角一样，是因为他的恐惧来源于自己人生的平静。或许对于很多人而言，这种平静的生活是很多人追求的目标，可是只有麦克·英泰尔自己知道，这一生之中，他没有真正享受过凭借自己实力取得成功的征服感。

他同样遇到过很多困难，可是每一次他都选择了逃避，或者是借助他人的力量来度过难关。所以，独立完成一件事情，就是他的恐惧点。

恐惧，就如同心灵内部的一个恶魔，它从来都不会真正影响我们的生活本身，但却时刻影响着我们自己的内心。只有克服内心的恐惧，才能在人生的道路上勇敢地大步前行。

故事穿越

美国联合保险公司的董事长克里蒙·斯通可以说是全美国最有钱的富豪之一，但是在他很小的时候，他还是一个依靠卖报纸来换取零用钱的穷人家的小孩。可是就是在卖报纸的过程中，他发现了人生中最大的财富。

在卖报纸的时候，他常常回到一家餐馆里面，那家餐馆的客人非常多，可是老板却非常凶。他觉得有报童来这里卖报纸会打扰到自己的顾客，每次都是将克里蒙·斯通踢出去，可每一次他仍然会找机会再次溜进餐馆继续卖报纸。结果就是，每次他的屁股都很痛，但是口袋里却转满了钱。

后来，克里蒙·斯通的母亲应聘到一家卖保险的工作，于是他的母亲就让他在放假的时候开始卖保险。和卖报纸不同，卖保险的场所是在那些看上去非常高档的写字楼里，他面对的人群也不再是餐馆里的顾客，而是在高档写字楼里上班的工作人员。年仅 16 岁的克里蒙·斯通的内心不免产生了一些胆怯的心理。

母亲看出了儿子的担心，于是就告诉他：“要克服心理的恐惧，在你面前的并不是什么可怕的东西。”

再走到写字楼门口，克里蒙·斯通深吸了一口气，不断给自己打气：“如果你做了，没有损失，还可能有大收获，那就下手去做。马上就做！”怀着这样的信念，他走进了这家高档写字楼，每一间办公室他都进去了，并且成功地卖出了两份保险。

第二天，他卖出了 4 份保险。第三天，6 份。于是，这个叫克里蒙·斯通的事业开始了。

故事微语

我们常常会产生一种胆怯的心理，尤其是在面对全新的、未知的领域的时候，正是因为这种胆怯，明明有机会做得很好的时候，也常常手忙脚乱。

其实这种胆怯的内心，完全来源于内心的不自信，更是源自内心深处的自卑。年纪尚小的克里蒙·斯通在第一次走进高档写字楼的时候，他非常恐惧，因为他无法预料到在写字楼里会有什么待遇，会不会比餐馆老板还要凶？

正是因为这一切对于他而言都是全然陌生的，所以才会产生这样的恐惧。可是当他鼓足了勇气，开口尝试了之后，他已经成功了一半，因为这个成功是因为他克服了心理的恐惧。

在生活中，恐惧一半分为三种，一种是因为未知，就如同克里蒙·斯通这样，只要鼓足了勇气去尝试就能够克服；第二种是来自受到过创伤，这种恐惧不仅仅需要自身的努力，同时还要有外界的支持；第三种则是传

统思维的禁锢，比如长时间有人告诉你，什么东西是危险的，那么在认知中就会认为它是危险的，这份恐惧来源于长时间的心理暗示，而非是通过自己实践得知。

克服内心的恐惧，不仅仅能够让我们有勇气面对生活中的恐惧，更重要的是，能够健全让我们的内心更为强大，去迎接生活中更大的挑战。

心灵箴言

恐惧常起因于无知。

——[美] 爱默生

重足而立，侧目而视。

——司马迁

知识是治疗恐惧的药。

——[美] 爱默生

熟悉减除对于事物的恐惧。

——[古希腊] 伊索

希望消失时，恐惧就产生。

——[西班牙] 格拉西安

第二篇

拥有自信：身处窘境照样能一笑而过

自信，是一个人内心深处的力量来源，是面对困难的最好心态，是我们人生的终极希望。正是因为有了自信，我们才能够坦然面对一切挫折；正是因为有了自信，我们可以理性分析事态的发展；正是因为有了自信，我们才能充分展现出自己的能力。

很多紧张感都是来自于自卑

故事话题

很多人都曾经因为自己的容貌、身材、家庭环境等外在条件而感到过自卑，就连很多名人都不例外。中央电视台著名的节目主持人白岩松出生在北方的一个很小的镇子，在他刚刚到北京上大学的时候，他最害怕的就是别的同学问他老家是在哪里。

因为在他的逻辑里，小镇子出生，就代表着没有见识，所以他一直不敢说自己的老家究竟在哪里。后来，直到他真正成熟起来之后，才觉得自己年轻时候是那样幼稚。出生于小镇又如何，他依然能够凭借着自己的实力在中央电视台创出属于自己的一片天空。

而同样是中央电视台的主持人张越自卑的是她的外形。所以她的大学生活几乎每天都是活在自卑之中，甚至她也变得敏感多疑，常常怀疑同学们是不是在嘲笑她太胖了。

为了遮掩自己的肥胖，她在学校里不敢穿裙子、不敢上体育课，甚至在大学毕业之前她差点领不到毕业证，不是因为功课不好，而是因为她不敢参加体育长跑测验，因为她认为，自己肥胖的身材在跑步的过程中一定显得非常丑陋。

可是后来，张越不仅成功克服了自己内心中的自卑，散发出自信的光芒，还成功地成为了中央电视台的主持人。

故事解析

自卑，源自对自己的不自信，克服自卑，是我们常说的一句话，可是在生活中，我们去常常有一种莫名的无力感，觉得自卑无处不在。有的人是源自自己样貌，有的人是源自自己的身材，也有的人是因为自己的家室，似乎身边的种种都能成为我们自卑的理由。

战胜自卑唯一的武器就是在内心中建立自信。每个人的自身都不可能是完美的，势必会在某一个方面有属于自己的“缺点”，勇敢地接受这些。正如同张越接受自己的身材这个在她眼中看来最大的缺点一样，努力地让自己内心强大起来。

每个人都曾经遇到过紧张的时刻，比如面试，比如一些比较重大的会议，比如在很多人面前发言等等。甚至有很多人因为紧张而无法自如地说话，更何况于要表现出自己呢？

其实紧张这种情绪并非完全没有办法克服，有很多方法能够让让我们改变这些，这就是自信。当我们内心充满了自信，自然就能够理智地正视自己的问题，同样也能够清楚地表达出自己内心的真实想法。

在职场中，自信是非常重要且关键的要素，更是克服内心紧张和自卑的不二法宝，所以，努力建设自己的内心，才能让自己在工作中收获到成功。

故事穿越

曾经有一位女歌手，在她第一次登台的时候，她心理非常紧张，担心自己表现不够出色、担心自己无法顺利完成演出，担心自己是不是会忘记歌词。越是紧张她越是无法集中精神，甚至紧张到手心冒汗。

就在这个时候，一个前辈走上前来，随手将一个纸卷放在她的手里，告诉她这张纸就是她今天演唱曲目的歌词。

这张纸条就如同一根救命稻草一样，让她突然之间放下心来。最终，她发挥得非常出色，所有让她担心的事情都没有发生。走下舞台之后，她

连忙向前辈致谢，感谢他在最关键的时刻帮助了自己，

可是前辈却示意她看看纸条，原来这不过是一张白纸，根本就没有歌词。前辈告诉她："你握住的并非是这张白纸，也不是一首歌曲的歌词，而是你的自信。"

故事微语

紧张是一种非常自然的情绪，在很多人生中非常重要的场合里，内心多少都会有一点紧张的感觉，可是这种紧张只要在能够控制的范围之内，并不能真正对我们产生什么影响。可是也有一种紧张能够让让我们无法从容应对。

正如同这位女歌手一样，因为太过紧张导致自己根本无法应付接下来的表演，可是当前辈递给她那张纸条的时候，就仿佛是将她的自信重新放回了她的内心一样。

在现实生活中，有很多人都曾经有这样的体会，当我们在非常紧张的时刻，深吸一口气，稳定自己的情绪，多多少少都能消除掉内心的紧张感。所以，无论我们遇到了什么样的场面，都要在内心中相信自己，只有这样，才能够展现出最真实的自我。

心灵箴言

古之立大事者，不惟有超世之才，亦必有坚忍不拔之志。

——苏轼

我们对自己抱有的信心，将使别人对我们萌生信心的绿芽。

——[法] 拉罗什富科

一个人是否有成就只有看他是否具有自尊心和自信心两个条件。

——[古希腊] 苏格拉底

只有满怀自信的人，能在任何地方都怀有自信，沉浸在生活中，并认识自己的意志。

——[苏联] 高尔基

做一个能够认可自己的人

故事话题

曾经有一个小男孩，在学校里，他是全班公认的坏孩子，常常逃学，在古玩市场里闲逛，在他的眼中，学校是一个非常不好的地方，所有的同学都孤立他，老师也不喜欢他，他又不敢将这些告诉给自己的父母。可是这些烦恼压在心里实在太难受了，于是他就突发奇想，不如把自己的苦恼写信告诉远在北京的毛主席吧。

于是他果然写了一封信，因为不知道毛主席的邮编地址，他只好在信封上公公整整地写下了“北京毛主席收”几个大字。

几天的时间过去了，小男孩刚到学校，他的同学就告诉他，老师让他去办公室。小男孩以为自己又犯了什么错误，只好胆战心惊地去了办公室，却发现办公室里不仅有老师，还有教导处主任和校长。这样的阵势把他吓坏了，还以为自己马上就要被学校开除了。

结果，校长拿出一封信，原来是毛主席委托警卫员给他的回信，信中告诉小男孩，今后一定要好好学习，锻炼身体，长大后要成为一个有用的人！

校长认为，毛主席给自己学校的学生回信，这不仅仅是小男孩一个人的光荣，同时对全校师生都是一个最好的鼓励，于是就通过广播将这个故事传播出去。

这下子，小男孩开始觉得自己备受重视，在别人口中，他成为一名自尊、自爱、自强的好学生，所以他不能让别人失望，于是就更加努力改正自己身上的缺点。这个男孩叫王刚，最后他成为了著名的演员、主持人。

在王刚成名之后，曾经也有媒体采访过他，问他小时候写信给毛主席之后的故事，王刚用这样一句话来回答："可能我并不像他们夸的那么好，但经他们这么一说，让我在别人面前感觉到，自己就是这么好的人，我为什么不继续下去呢？"

故事解析

能够清醒地认识自己，其实并不是一件容易的事情。有心理学家在研究自我认知的时候，分析出四个"我"来，一个是真实的自己，一个是自己脑海中的我，一个是别人眼中的自己，一个是自己认为的他人眼中的自己。可是这四个"我"其实只有一个是最真实的自己，其余的三个"我"都带有一定的偏差，其中影响最大的，便是自己脑海中的我。

当我们我发看清自己往往都是由两种方向，一种就是妄自菲薄，过于低估了自己，这种错误认知常常让我们让我们无法认清自己真正的实力，甚至会完全失掉自信；另一种就是自我满足，过于高估了自己，这种错误认知会让我们产生骄傲自满的心态。

认清自己，是让自己站在一个客观的角度，通过理性的分析得出的一个结果的过程，只有真正认清自己，才能正确估计形势，才能让我们立于不败之地。

故事穿越

著名的法国化学家、诺贝尔化学奖得主维克多·格林尼亚，他出身于一个非常富有的家庭，从小就活在父母的溺爱之中，长大后也养成了纨绔子弟的坏毛病，整日里游手好闲、吃喝玩乐。

在他21岁那一年，他的父母接受了一个上流宴会的邀请，格林尼亚当然不会错过。在舞会上，他看到一个妙龄女子，气质非凡，他几乎在一瞬间就爱上了这个女孩，于是就走上前去，对这名女子说道："优雅的女士，请问我是否能够有幸请您共舞一曲呢？"

可是，这位女子不为所动，甚至眼神中流露出了一种不屑的神态，这让格林尼亚非常尴尬。从小到大，他从来都没有收到过这样的怠慢。身边的好友连忙走上前来告诉他，这个女孩是巴黎著名的波多丽女伯爵。

格林尼亚连忙想要去道歉，可是女伯爵开口说道："请快点走开，不我喜欢像你这样不学无术的花花公子挡住我的视线。"

这句话的声音并不大，可是足以让周围的人听得清清楚楚。直到这一刻，格林尼亚才真正认清了自己，尽管自己在外面有很多人奉承，但他们奉承的不过是他的父亲、他的家室，而不是他。

经受这个打击的格林尼亚离开了自己的家乡，到外地去重新开始读书。为了补课，他从来不敢浪费时间，废寝忘食、刻苦钻研，终于在1901年，他获得了化学博士学位。1912年，格林尼亚发明了格氏试剂，对有机化学的发展产生的重要影响，决定授予他诺贝尔化学奖。

直到这个时候，他才重新回到了自己的家乡，并且写信给女伯爵，心中只有一句话："我永远敬爱你！"

故事微语

维克多·格林尼亚原本只是一个纨绔子弟，在他的身边总是围绕着很多酒肉朋友，为了能够讨好他而说一些奉承的话。久而久之，格林尼亚就在这种奉承中迷失了自我，甚至将自己的能力无限放大。

如果没有女伯爵那一番冷言冷语的讽刺，或许格林尼亚仍然活在自己的错误认知里而不自知，更不可能成为一名出色的化学家。

所以，认清自己，并且做一个自己能够认可的人，这同样也是我们每个人人生之中非常重要的事情。认可自己并不仅仅是一句简单的话，更是我们自身的价值观、世界观和人生观的直接体现。

中国人喜欢中庸之道，喜欢含蓄的情感，所以并不擅长自我评价，甚至会在自我评价的时候，故意自谦。时间久了，这种自谦便成为了人们自我认知的阻碍。所以想要真正地认清自己，就需要很多辅助条件来完成。当我们能够充分的、客观的、理性的完成自我认知、自我评价，那么自然就能够看清自己是否达到了自己最初的设想。

心灵箴言

人类通常像狗，听到远处有狗吠，自己也吠叫一番。

——[法] 伏尔泰

无论何时，只要可能，你都应该“模仿”你自己，成为你自己。

——[美] 莫尔兹

一个真认识自己的人，就没法不谦虚。谦虚使人的心缩小，像一个小石卵，虽然小，而极结实。结实才能诚实。

——老舍

伟大的人是决不会滥用他们的优点的，他们看出他们超过别人的地方，并且意识到这一点，然而绝不会因此就不谦虚。他们的过人之处越多，他们越认识到他们的不足。

——[法] 卢梭

有窘境，才有打破窘境后的成长

故事话题

世界著名的数学家华罗庚，他的成长经历可谓是一波三折，充满了坎坷。在他刚刚中学毕业之后，由于他的父亲无力再供他念书，他只好辍学回到了自己的家乡，努力帮助父亲多做一些农活。

但不久之后，华罗庚身患重病，因为没有钱看病，父亲只能找到一些草药给他吃，后来还是靠他的老师给他一些经济上的资助，才让华罗庚看好了病。由于病情耽误太久了，他落下了终身残疾，左腿的关节变形，成了跛脚。当时他只有19岁。

这样的打击对于一个年仅19岁的青年而言，无疑是致命的，他曾经有一段时间非常绝望，认为自己已经没有未来。可后来他又想到，古代的孙膑同样也是身体残疾，但是他却依靠自己顽强的精神做出了成就。想到这里，他开始奋发图强。

白天，他强忍着关节的疼痛，依旧帮着自己的父亲做些力所能及的工作；晚上，开始自学数学课程。经过长时间地努力，在1930年，华罗庚的一篇论文在《科学》杂志上发表，震惊了整个学术界，清华大学数学系的任熊庆来教授亲自来聘请华罗庚担任自己的助理员。

在接下来的时间里，华罗庚更加努力，一边完成助理员的工作，一边在数学系旁听，并且还自学了英语、德语和法语。最终在数学领域中取得了自己非凡的成就。

故事解析

人生总是要经过起起落落，才能称之为完整的人生，所以当我们遇到困难的时候，深处低谷的时候，也不能放弃自己。

在华罗庚生病的那段时间，可以说是他一生之中的最低谷，不仅失去了学习的机会，丧失了劳动能力，就连身体健康都即将失去，可是他却并没有从心里放弃自己，而是不断地通过古人的事例来激励着自己。

正如同那首歌去所唱："不经历风雨，怎么见彩虹，人生没有随随便便成功。"如果没有这些窘境，我们如何能够收获到重新来过的喜悦；如果没有这些坎坷，我们如何知道自己的强大；如果没有这些困难，我们如何知道战胜成功的喜悦。

人生就是这样失败、战胜失败、最终是后获成功的过程，所以无论何时何地，遭遇了什么困难，都不能放弃自己。

故事穿越

美国总统罗斯福在幼年的时候曾经非常自卑，甚至一度以为自己是世界上最不幸的孩子，他因为患有脊髓灰质炎留下了身体上的缺陷——瘸腿和参差不齐的牙齿。所以在学校里，他从来都不敢在老师面前多说话，生怕被人看到自己的牙齿。

有一年的春天，小孩的父亲买来了几棵小树苗，并且叫来了罗斯福和他的兄弟们，并许诺说，谁的树苗长得好，父亲就给谁买玩具。一向自卑的罗斯福还没有尝试就认定了自己的树苗一定是长得最差的那一棵，所以平时在浇水、施肥的时候从来都不用心。

可奇怪的是，即便罗斯福没有好好照料这棵树苗，它也依旧是茁壮地成长起来。最后，这次的种树比赛中，罗斯福竟然取得了第一名。父亲非常高兴地给他买来了玩具。

到了晚上，他抱着心爱的玩具在床上辗转反侧，罗斯福想不通自己根本就不去照顾树苗，为什么它还能长得最好呢？想着想着，他决定去院落中看看，结果却发现，原来自己的父亲正在给树苗浇、施肥。

父亲其实早就知道自己孩子的问题，也知道他心理的症结究竟在哪里，为了让孩子重新恢复自信，为了让他能够打开心结，他才想出了这样一个方法。得知父亲的良苦用心之后，罗斯福也一改往日自卑的心理，他在心里暗暗地发誓，自己一定要成为父亲心中的骄傲。最终，他凭借自己的努力，不仅克服了自己身体上的缺陷，并且成为了美国历史上最伟大的三位总统之一，同华盛顿、林肯齐名。

故事微语

在这个世界上，没有一个人是完全没有自己的缺点的，也没有一个人是从来都不会遇到困难的，可以说，缺点和困难伴随着我们整个人生，但是人生的真谛并非是让缺点和困难，而是克服缺点、战胜困难。

正如同罗斯福的幼年，他常常认为自己是全世界最不幸的小孩，在他的身上似乎完全看不到任何希望，可是父亲却愿意为了激励他而做出自己的努力，成功地帮助他突破了自我。

在我们的人生中，我们同样也会遇到各种各样的困难，甚至有时候也会想到要逃避。可是，逃避了一个困难，还会遇到另外的困难，如果单单是依靠逃避，那么我们的人生就会陷入到一个由困难包围的怪圈之中。

其实困难并不可怕，只要我们拥有战胜困难的决心，自然就能拿出自己全部的勇气。而战胜苦难之后的喜悦，则是这个世界上最满足的成就感。

心灵箴言

我要扼住命运的咽喉。

——[德] 贝多芬

走自己的路让别人去说吧。

——[意] 但丁

世上本没有路，走的人多了便成了路。

——[中] 鲁迅

最可怕的敌人，就是没有坚强的信念。

——[法] 罗曼·罗兰

自信给你赶走怯懦的勇气

故事话题

王章杰可以说是非常特殊的一名舞者，他没有曼妙的身子，240 斤的体重，让很多人都对他喜欢跳舞感到非常惊讶。可是在这名年仅 18 岁的男孩心中，跳舞是他一生的追求和目标。

在他小的时候，他常常要去接送每每到学校学习舞蹈，于是他竟然开始痴迷上了舞蹈，而且是女性舞蹈。但是由于他从小就很胖，所以并不符合舞蹈学校的要求。为了学习舞蹈，王章杰只好自己在家里偷偷地对着镜子练，他的妹妹每次学习了新的舞蹈，回到家中第一件事情就是跳给哥哥看。

可是，他的这个梦想却被家里人一直反对。他的家庭非常传统，并不能接受一个男孩子竟然会喜欢上舞蹈，而且还是女性舞蹈。而他的朋友们也因为他的这个举动而耻笑他，认为他“男不男、女不女”，甚至说他是“变态”。

周围人的不理解，并没有阻挡王章杰的决心，他开始报名参加各种电视台的舞蹈比赛。可是这个举动让他的父亲大发雷霆，认为他这是在败坏家风。可是王章杰依然坚持。最终，在 2007 年，王章杰获夹江县推新人大赛冠军；2009 年，获得了四川省艺术人才大赛一等奖；2010 年，他应邀到江苏卫视为明星萧亚轩伴舞，在现场，胖胖的王章杰成为了舞台上的焦点人物，上至明星、下到观众都发自内心地用掌声向这名特殊的舞者致敬。

故事解析

自信，是一个人成功的最基本的要素，更是我们每一个人都需要具备的品质。在我们现实生活中，我们常常要面临各种各样的挑战，这些挑战不仅仅是对我们的考验，同时也是一种机遇，如果能够把握住机遇，无论是在生活，还是在事业上，都会更上一层楼。

自信，是对自己选择的信任，是对自身能力的信任，也是对自己梦想的执着。正如王章杰这样，当别人耻笑他的时候，他用执着回击那些流言蜚语；当父母责骂他的时候，他用坚持捍卫了自己的梦想；当观众用热烈的掌声赞美他的时候，他用自信回应了他人的认同。

或许有很多时候，我们的所作所为并不能得到一致的认可，总会有人站出来提出质疑和反对，往往在这个时候，坚持和自信就是最好的捍卫。

故事穿越

以前有一个年轻的姑娘，因为家庭贫困，她没有办法像其他女孩一样，穿上美丽的衣服，也买不起任何饰品。马上就要到圣诞节了，她心爱的男孩邀请她去参加舞会，因为没有像样的衣服和首饰，她觉得这一切都糟糕透了。她的母亲心疼女儿，就省下 20 美元给她，让她去买一个漂亮的首饰作为装扮。

她拿着钱走进商场，跳来跳去，终于看到了一支漂亮的头花，这是所有首饰中她觉得非常漂亮而且价格在她能够承受的范围里，于是她买下这只头花，兴高采烈地戴在头上，就连服务员都说她和这只头花相配极了。

心情很好的她走出商店，不小心碰到了一个老人，她连忙扶住老人，说了声对不起之后离开。这一路上，她无数次在想，现在自己的美丽足以让她在舞会上成为全场的焦点、男孩的骄傲。这样想着，她的步伐也跟着轻松起来。

当她无意中用手去触碰戴在头顶上的头花的时候，她的心忽然凉了半截，不知在什么时候，她的头花竟然不见了。她非常着急，连忙沿着路往回找。直到商店门口，她才看到刚才不小心撞到的那名老者手里拿着她的头花等着她。她连忙走过去对着老人家表示感谢，并且表示这名头花对她而言非常重要。

就在这个时候，心爱的男孩出现了，在她还没有来得及戴上头花的时候。她觉得一切都糟糕透了，原本想要用这顶头花让自己成为舞会的焦点，可是现在这幅狼狈的模样被他看到，不知道自己的形象会不会受到影响。

就在她担忧的时刻，男孩走上前，由衷地赞美道："你真的非常美丽，相信今天晚上你一定能够成为舞会皇后。"

"可是我现在的样子……"

"你最美丽的就是你的自然！"听到男孩这样说，女孩终于流露出自信的笑容，最终她并没有戴上这只头花，照样成为当晚的舞会皇后。

故事微语

自信就如同点亮我们内心世界的希望火种，不仅能够在关键时刻给我们能量，更能让我们在心中成为温暖的源泉。在现实生活中，我们常常都会遇到这样的情况，因为不自信，所以常常会感觉到自卑、胆怯和窘迫。

这些内心世界中不健康的情绪，虽然不会在短时间内对我们整个人生造成什么影响，可是长此以往，我们就会变得敏感多疑，常常会因为别人一句话就觉得如何如，甚至会导致我们的社交人脉圈受到重大影响。

做人要自信，无论是对于自己的外形，还是自己的能力，只要努力奋斗，就没有什么能够被人看轻的地方。

所以，在自己的内心播种一颗叫自信的种子，让它成为保护你心灵世界的绿色家园吧。

心灵箴言

恃人不如自恃也。

——《韩非子·外储说右下》

自立自重，不可跟人脚迹，学人言语。

——陆九渊

吾无过人者，但生平行为，无不可对人言耳。

——司马光

自信与骄傲有异；自信者常沉着，而骄傲者常浮扬。

——梁启超

自信者不疑人，人亦信之。自疑者不信人，人亦疑之。

——《史典》

有自信，才敢充分展现自己

故事话题

俄国著名的戏剧作家斯坦尼夫斯基，非常重视自己戏剧质量，所以每次在彩排戏剧的时候，他不仅在现场看每一位演员的状态，而且亲自给演员们讲戏、重新修改剧本等等，所有的努力都是为了能够让自己的剧作更加接近完美。

有一次在彩排一出话剧的时候，戏中的女主角突然间因为生病不能再继续演出。一时之间，斯坦尼夫斯基也找不到能够合适的演员来接替，毕竟想要在短时间之内找到对这出话剧非常熟悉、又能够体会出他的创作意图的人，实在是太困难了。突然间，他看到正在整理服装道具的姐姐，真是踏破铁鞋无觅处，得来全不费工夫，他就请求自己的姐姐来出演女主角。

他的姐姐根本就没有接触过演戏，所以刚开始在排练的时候，心理非常自卑和胆怯，很害怕达到弟弟的要求。越是害怕，就越无法进入状态，她演绎得差极了，便引起了斯坦尼夫斯基的烦躁和不满。

有一天，话剧仍然再进行彩排，距离开演的那一天越来越近，姐姐仍然无法进入状态，斯坦尼夫斯基看着她糟糕的状态，突然当着所有的面喊停，非常严厉地对姐姐说："这场戏是全剧的关键！如果女主角仍然演得这样差劲儿，整个戏就不能再往下排了！"

在他说完这句话之后，整个剧场安静得甚至能够听到喘息和心跳的声音。只见姐姐突然间仰起头来，对着其他演员和工作人员喊道："好了，我准备好了，开始彩排。"这一次，她一改往日的自卑和拘谨，将角色演绎得自然而真实。

在整部戏彩排完毕之后，斯坦尼斯拉斯夫基高兴地说："我们又拥有了一位新的表演艺术家。"

故事解析

自信，能够成就一个人的成功，也能够让一个人展现出不同的风采。曾经有人总是这样感慨着：“自信的人最美丽。”是的，自信仿佛有着“妙手回春”的力量，能够最大程度地激发人类的潜力。

如果说生活是一块画板，自信就是画笔，为生活增添色彩；如果说生活是一列火车，自信就是能量，使它不断向前。所以生活，因自信而精彩。

斯坦尼夫斯基的姐姐，起初就是因为自卑，总是担心自己无法完成这次演出任务，时刻提心吊胆，可越是这样，就越容易紧张，越无法进入状态。当她调整好自己的心态之后，仿佛就像是换了一个人似的，不仅成功完成了表演，更获得了他人的好评。

在现实生活中，我们也同样如此，与其畏手畏脚地担心，倒不如自信起来，用自己的勇气去迎接人生中所有的挑战。

故事穿越

世界著名的指挥家小泽征尔先生在年轻的时候常常要参加各种指挥比赛。有一次，他参加了一次比赛，凭借着出色的指挥水平，他自然而然地进入了决赛。

在决赛中，他是最后一个出场选手，评委们递给他一份乐谱，让他准备好就开始吧。小泽征尔非常自信地走上了指挥的位置，开始和乐团演奏起来。可是在演奏的过程中，他突然发现总是有几个小节会出现不和谐的声音。于是他就让整个乐团停止了，并且去告诉评委们，这份乐谱中有问题。

这种国际性的指挥大赛，评委都是音乐圈中的权威人士，所以质疑他们是需要很大勇气的。但是评委们再三表示，这份乐谱是他们精挑细选的，绝对不会出现任何问题。小泽征尔重新开始指挥着乐队演奏起来，可是仍然是这几个小节出现了不和谐的声音，他考虑再三，决定要坚持自己的判断是正确的，于是他用非常严肃且正式的口吻对评委们说道：“这份

乐谱一定是错误的！”

他的话音刚落，评委席上的所有评委立刻站起身来，向他报以最热烈的掌声，并且公布，这次比赛的冠军就是小泽征尔。

原来，这一切都是评委故意安排的，用错误的乐谱试探这些指挥家能否发现错误，更重要的是，他们能否在权威面前坚持自己的判断，小泽征尔是这次比赛中唯一一个敢于坚持自我判断的指挥家，所以他取得了最后的胜利。

故事微语

自信，是根据自己的能力对事物产生的判断，更是对自己能力的一种认可。小泽征尔之所以能够站出来坚持乐谱有错误，一方面是因为他对音乐的坚持，另一方面就是对自己能力的认可，

心灵箴言

自信是成功的第一秘诀。

——[美] 爱默生

人多不足以依赖，要生存只有靠自己。

——[法] 拿破仑

深窥自己的心，而后发觉一切的奇迹在你自己。

——[英] 培根

任何人都应该有自尊心，自信心，独立性，不然就是奴才。

——徐特立

第三篇

倾听内心：时不时地和内心谈一谈

我们每个人的内心都是一个小小的世界，在这个世界中，拥有着我们最不为人知的喜怒哀乐，正是这个小小的世界，让我们能够在社会中去拼搏，而它则是我们最坚强的后盾。人们说，心有多大，梦想就有多大，在奋斗的时候，请不要停下脚步等一等，和内心说说话。

要肆意纵容那些小敏感

故事话题

在某个酷热烦闷的夏天，英国某个大型教堂里，牧师正在用神圣的《圣经》为教徒们布道，可是天气实在是太热了，很多教徒都抵不住瞌睡起来，只有一位绅士，仍然精神抖擞地坐在那里专注地聆听着牧师的话。

等整个仪式结束之后，这位绅士和他的朋友一同走出了教堂，他的朋友就问他：“刚才每个人都在打瞌睡，我都睡过去了，你怎么还能听得那么认真啊？”

绅士笑了笑说：“老实说，这样的天气，这样的布道，我也很想打瞌睡，可是我就问我的内心，你认为是听布道重要，还是打瞌睡重要呢？我的心告诉我，听布道比较重要。”

他的朋友显然认为这不过就是一种说辞，就接着问道：“那你是怎么抵挡住瞌睡的呢？”

绅士回答说：“我告诉我的内心，既然你愿意听布道，我就将这看成是考验我耐力的机会。事实证明，我的耐力非常好，所以我想在我今后的工作中无论遇到什么样的困难，我都能努力做好吧。”

这位绅士就是鼎鼎有名的英国首相格莱斯顿。

故事解析

人生道路上会有很多歧岔路口，而我们也常常面临着各种选择，这种时刻，有些人总是喜欢选择询问他人的建议。其实在面临选择的时候，只有询问自己的内心，才是最稳妥的方法。

我们每个人的内心都是强大而敏感的，强大是在于它能够面对生活中的种种困难，敏感则在于每个人的内心都会有一些让我们非常介怀的关键点。

老话常说：“矬子面前不说矮话。”意思就是在与人交流的过程中，不要去揭人伤疤，或者是故意呛声让人下不来台。换个角度来说，我们更应该花多一点时间来搭建自己的内心世界，让它逐渐强大，不会因为一些过往的伤痛就感到“被伤害”，更不要捕风捉影，稍微有点风吹草动，就认为被人是在针对自己。

就如同格莱斯顿首相一样，无论是身处何方，多多和自己的内心交流，让自己充分了解到，内心深处究竟需要什么，只有这样，我们才能真正地自信起来，克服内心深处的紧张和敏感。

故事穿越

被称作晚清“中兴四大名臣”之一的曾国藩是中国近代现代化建设的开拓者，可是在他的幼年时代，却是一个非常愚笨的人。曾经发生过一件事情，给他幼小的心灵带来了极大的“创伤”。

曾国藩出生在一个地主家庭里，家里虽然不是富甲一方，但同样也是不愁吃喝。为了能够教育自己的孩子成才，他的父亲为他请来了老师，给他上课。有一次，老师给他布置了一道作业，是将一篇文章背诵下来。

可是这篇文章比较拗口，曾国藩背诵了很久都没有背下来，所以他只好一直坐在窗前大声背诵着。

恰好这时候，家里来了一名小偷，他就潜伏在曾国藩书房外的屋檐下，希望这个读书郎读完书睡觉之后捞点好处。可是等来等去，曾国藩还在翻来覆去地背诵那篇文章，仍然是无法流利地背诵出来。

小偷心里非常恼火，最后他实在忍不住了，站出来大骂：“就你这个记性，还读什么书啊！”

曾国藩被这个突发事件吓了一跳，只见小偷非常轻蔑地看着他，竟然从头到尾将这篇文章背了下来，之后便转身离开。

看到这个情景，曾国藩才明白，自己竟然被一个小偷鄙视了，于是更加发愤图强，刻苦学习，最终成为封建社会中罕有的立功、立德、立言“三不朽”的奇才。

故事微语

曾国藩在少年学习的时候，因为天资不够，竟然被小偷所耻笑。这对于一个小孩子的内心世界而言，是一次非常大的打击，如果内心不够强大的话，很有可能会被这一次的鄙视而彻底丧失了斗志。可是曾国藩却并没有这样做，而是越挫越勇。

内心敏感的人往往会有两种方式去应对自己的内心伤害，坚强的人能够正视挫折和屈辱，然后将自己的满腔悲愤化为动力；而软弱的人则只能在内心深处自怨自艾，最终只能活在别人同情的目光之中。

有太多人都曾经因为别人漫不经心的言语、行为收到过歧视和伤害，但我们无法改变别人，只能改变自己。

当我们的内心变得强大起来，曾经很多过分执着的伤害，或许就如同一缕青烟，在内心丝毫无法引起波澜；当我们的视野变得开阔起来，就不会在将自己的生活重心放在那些鸡毛蒜皮的琐事上。所以，不要太过在乎那些内心中的小敏感，而是需要将眼光放得长远，因为我们的道路本身就很远。

心灵箴言

人需要有一颗牺牲自己私利的心。

——[俄] 屠格涅夫

芸芸众生，孰不爱生？爱生之极，进而爱群。

——秋瑾

大自然把人们困在黑暗之中，迫使人们永远向往光明。

——[德] 歌德

即使一动不动，时间也在替我们移动，而日子的消逝，就足以带走我们希望保留的幻想。

——[法] 罗曼·罗兰

懂得给心中的怒气找个出口

故事话题

美国著名的男中音歌手罗伯特•麦瑞尔，这位已经先后演出将近5000场、曾先后为9位美国总统演唱过的歌手，或许很多人难以相信，他从小是在纽约布鲁克林贫民窟长大，而且有非常严重的口吃障碍。

在学校读书的时候，他常常因为家境贫穷、口吃这些问题成为同学们耻笑的对象。这些都造成了他内心非常敏感和脆弱，甚至连老师提问，叫到他名字的时候他都非常害怕。

在成名之后，他曾经这样回忆过那段岁月："上学的时候，最害怕的就是在全班同学面前被提问，如果我知道哪天我要站出来讲话，我那天就逃学。有时候还是会被老师提问，我就背对着全班同学站着回答问题。同学们都嘲笑我。"

他曾经为这些感到委屈，情绪受到很大的影响。后来他想到一个解决方法，如果实在无法忍受了，就找一个没有人的角落，自己对着墙大声宣泄着自己内心的不满。久而久之，他说话越来越流利，口吃的毛病也逐渐变得越来越不明显。后来，因为他的歌声出色，竟然意外成为著名的歌手。

事到如今，他已经能够站在成千上万人面前为他们演唱，俨然已经不再是那个在别人面前说话都会感到不自在的小男孩了。

故事解析

每个人都会有属于自己的喜怒哀乐，属于自己的情绪，以及遇到事情之后的情感反馈，这些情绪无一例外地都成为我们“情绪管理器”里需要管理的对象。尤其是那些负面情绪，如果不及时将这些负面情绪正确引导的话，同样也会影响到我们的生活。

我们常说的负面情绪，其中最常见的便是生气。生气，是愤怒的一种表达方式，当我们遭遇了不公平的待遇，当我们被别人无缘由地指责，这些情绪就在我们身体内部酝酿。在中医学理论上，常常生气，更能够影响身体的健康。

罗伯特·麦瑞尔在遭受到同学的嘲笑的时候，他的内心一定是委屈的，因为他不知道自己为什么要平白无故地忍受被人的嘲笑，进而就会在内心里产生愤怒的情绪。他选择的方式是找一个无人的角落宣泄自己心中的愤怒。

宣泄心中怒气还有很多其他方式，甚至有很多相对积极进取的方式，比如去 KTV 唱歌，比如去参加运动，而这些都能够成功地将这种负面情绪引导出去，让我们重新用正面情绪去面对今后的生活，而不失将负面情绪压抑在内心之中。

故事穿越

在战国时期，有一天齐国国王觉得自己生病了，可是又说不出来到底是哪里不舒服，就是感觉浑身都不对劲，任何事情都无法引起他的兴趣。于是他就找来宋国的名医文挚来给自己看病。

文挚来到齐国，他先给齐王诊治一番之后，但并没有将病情告诉齐王，而是找到了齐王的太子殿下和皇后娘。太子以为齐王身患重病，连忙问道："我父皇究竟得了什么病？"

文挚说："并不是什么非常严重的疾病，我有办法能够治好他，可是这个方法对我却十分不利。"

皇后娘娘也连忙恳求道："还请您坦诚相告。"

文挚说："想要治好齐王的病并不难，但是要使用激怒法，就是让他通过发泄心中怒火来讲心理的忧虑发泄出来，可是他毕竟是一国之君，我担心他病好之日，就是我文挚丧命之时。"

太子连忙跪下恳求，并且一再保证，如果齐王真的动怒要杀死文挚，他一定保证文挚的生命安全。文挚一看，便应允为齐王看病。

文挚并没有将齐王的病情告诉于他，齐王心里很是着急，就以为自己的疾病非常严重，于是马上就和文挚相约第二次来看病的日子。可是当天，文挚却失约了。第二次约定的看诊日期，文挚依然失约。到了第三次失约的时候，齐王已经非常恼怒，甚至在宫殿之内疾痛骂不止。经过几天痛骂，齐王发泄了心中的不快，也就不治而愈，可是他仍然认为文挚对他不敬，最终还是将他处死。

故事微语

有很多时候，如果不及时将负面情绪引导出去，长期积压在内心之中，久而久之，就会成为心中的症结。就好比在小说《三国演义》中的周瑜，就是因为无法将心中不平及时疏导，最终被气死。

尽管这并不是真正的历史，但在生活中，因为生气、易怒、脾气暴躁等缘故最终影响了身体健康的人并不在少数。

就如同齐王一样，最开始就是因为情绪积压得太久，最终导致郁郁寡欢，文挚通过“激怒法”治疗他的疾病，尽管最终文挚还是没有逃脱被处死的厄运，却在医学上留下了“激怒治疗法”。

当然，发泄心中的怒气，并非是让我们在什么事情上都要生气，生活中很多琐碎的事情，能够用平淡的心情去看待，而并不影响自己的心情，这才是最好的心态。但是人非草木，在一些事情上无法控制自己的情绪，也是正常现象。所以在这个时候，我们要做的并非是强行压制住自己的情绪，而是需要找到一个合适的情感宣泄途径，将这些负面情绪通通发泄出去。

心灵箴言

生气，是拿别人的错误惩罚自己。

——[德] 伊曼努尔·康德

和白痴生气是冒着使我们自己也会变成白痴的危险。

——[法] 福楼拜

志向不过是记忆的奴隶，生气勃勃地降生，但却很难成长。

——[英] 莎士比亚

生气的时候，开口前先数到十，如果非常愤怒，先数到一百。

——[美] 杰弗逊

对于生活，必须有一贯的、巨大的、使它变得有生气的行动。

——[苏联] 高尔基

尝试心理调节，为心灵松绑

故事话题

日本棋坛高手吴清源自从参加了各种比赛之后，便鲜有败绩，曾经多次登上棋坛霸主的宝座。可是有一次，他和一个棋坛新人比赛的时候，竟然输给了对方。这件事情不仅让所有喜欢吴清源的围棋爱好者们大吃一惊，就连他本人也深感意外。

最开始，吴清源很难接受自己败给了一个无名小卒，但他有一个非常好的优点，就是每一次比赛之后都会沉下心来给自己做一番总结。往常他都是总结自己在下棋过程中战术运用方面的优缺点，而这一次，他一反常态，开始总结自己比赛时候的心态。

他认为，在比赛过程中，由于他的压力太大，太过看重比赛结果，而对方是个新人，反而并不在意比赛结果，放开了手脚去比赛。两个人在心态上的悬殊，最终影响了比赛结果。

想清楚自己失败的原因之后，吴清源开始全力调整自己的心态，在比赛中，让自己以一个“普通棋手”去迎战，而非是顶着“棋坛霸主”的压力，最终完成了自己心灵上的蜕变。

故事解析

中国有句老话“人要脸树要皮”，意思就是说，人活一世，在旁人眼中，自己的面子是非常重要的事情，古往今来，有很多人都被这个“面子”所连累，明明没有到达那个程度，却偏偏要“打肿脸充胖子”，却最终成为内心的压力。

吴清源作为棋坛霸主，这个盛名一直伴随着他，每一次他参加比赛的时候，媒体的报道、亲人期待的眼神，棋迷崇拜的眼神，这些都非常容易让一个人的内心迅速膨胀起来。可是，在这些背后，是看不见的束缚。

我们每个人都是如此，活在别人的眼神中，活在别人的期待中。

有很多人都有过这样的经历，在我们上学的时候，家长们会对我们有很大的期盼，有时候甚至要具体到考试名次和考试分数上。这个时候不管是“三好学生”、“第一名”对于学生而言，都不仅仅是一个荣誉，而是一份压力。

其实，人活在世界上，什么最重要？其实是幸福感。幸福感不是依靠压力获得的，而是要放开自己的内心，让自己的内心中不再有束缚存在，只有这样，才能真正地收获幸福。

故事穿越

在春秋战国时期，楚国国王在打猎的时候，不慎将自己的弓箭弄丢了。他的部下听到之后，就自告奋勇地想要为楚王寻找弓箭，可是楚王却拒绝了，并且说道："楚人失之，楚人得之。"意思就是说，反正我是在楚国的境内丢失的，那捡到弓箭的人也就是我的子民，那么我丢一套弓箭又有什么关系呢？

部下听完之后，非常敬佩楚王的气概。因为在楚王的眼里，楚国就是一个整体，可以不分你我。

后来，孔子听说了这句话和背后的故事，他就评价说："去其楚字则可矣。"那么这句"楚人失之，楚人得之"就变成了"人失之，人得之"，意思也就发生了转变，变成了这副弓箭我丢了，就会有人捡到，他仍然能够利用这套弓箭发挥出它的作用，那又有什么关系呢？

相较之下，孔子的思想境界就更高了，他完全放下了国家的概念，只将关注点放在了人身上。

再后来，老子听说了这个事情之后，又评价曰："去其人字则可矣。"那么这句"楚人失之，楚人得之"就变成了"失之，得之"。意思就是这个世界是公平的，有失去的，就会有得到的。

当然，这三个人并非是心胸问题，而是真实地反映了心中所想，楚王由于身份限制，他的关注点自然在于本国境内。孔子作为儒家创始人，他关注的是人与人之间的和谐共处。老子作为道家学派的创始人，他的关注更侧重于内心。这就是这个故事告诉我们的道理。

故事微语

我们常说，内心世界是怎样的，看到的世界就是怎样的。

当我们内心充满了焦躁不安，那么生活也就被这种焦躁不安的气氛所包围；当我们内心平和，自然在看待事物的时候自然也能够心平气和。

正如楚王、孔子和老子三个人看待同一个事物的时候，因为内心的出发点不同，关注点自然也就发生了偏差。

在现实生活中，我们时常会遇到很多影响情绪的事情，或许这些事情并不能影响到我们的生活，却总是让我们感到心烦意乱。而这个时候，真正重要的并不是去解决这些事情，因为它们并不会真正影响我们的生活，那么就采取心理调节的方法，让自己放松心灵，让心灵远离那些负面情绪。

放飞心灵，才能让我们毫无压力地去为自己的梦想拼搏；放飞心灵，才能让我们更好地去享受生活；放飞心灵，才能让我们成为自己内心世界的真正主人，不会让情绪左右自己。

心灵箴言

人生之晨是工作，人生之午是评议，人生之夜是祈祷。

——[古希腊] 赫西俄德

人生在世界是短暂的，对这短暂的人生，我们最好的报答就是工作。

——[美] 爱迪生

信念是储备品，行路人在破晓时带着它登程，但愿他在日暮以前足够使用。

——[俄] 柯罗连科

人生最宝贵的是生命，人生最需要的是学习，人生最愉快的是工作，人生最重要的是友谊。

——[苏联] 斯大林

人生最宝贵的是生命，生命属于人只有一次。一个人的生命应当这样度过：当他回忆往事的时候，他不致因虚度年华而悔恨，也不致因碌碌无为而羞愧;在临死的时候，他能够说："我的整个生命和全部精力，都已献给世界上最壮丽的事业为人类的解放而斗争。"

——[苏联] 奥斯特洛夫斯基

相信自己的意志力能面对挫折

故事话题

美国著名的作家、教育家海伦·凯勒可以说是全世界青少年的模范。1880年，她出生在一个普通家庭中，但不幸的是，在她一岁多的时候，就因为生病而被夺去视觉和听觉能力，因此，她同样也没有语言表达能力。

她成长在完全黑暗和无声的世界里，或许对于每个正常人而言，我们都无法想象海伦究竟要面临怎样的绝望。可是海伦没有放弃、海伦的父母也没有放弃。其中对她一生之中都有重要意义的人，是她的家庭老师安妮·莎利文。

安妮·莎利文不仅仅是她的家庭老师，更是海伦的心理辅导老师。最开始，海伦虽然已经从心里接受了自己身体上的缺陷，但是却没有什么斗志。安妮老师便一直鼓励她，让她用自己的意志力和毅力去克服胜利缺陷造成的精神痛苦。

渐渐地，海伦改变了，她变得不再抑郁，而是热爱生活，充分享受每一种事物带给她的感受。在她的刻苦努力下，不仅以优异的成绩从美国拉德克利夫学院毕业，并且掌握了英、法、德、拉丁和希腊五中文字。

如果没有意志力，她不过是一个令人同情的残疾人，可是意志力让海伦·凯勒成为生活的强者，成为别人的榜样。

故事解析

意志力，是我们内心中一种不可被忽视的能量，在很多时候，当我们遭遇了挫折和困难，又或者是感觉自己已经到了某个临界点的时候，意志力就是支撑我们的勇气和动力。

和持之以恒不同，意志力更是对精神的一种考验。当我们的身体到达极限之后，却仍然要用意志力坚持下去，这种坚持并不仅仅是肉体上的坚持，更是意志力的支撑；当我们反反复复经历失败，甚至周围很多人都在劝说我们放弃的时候，这个时候，意志力就成为我们坚持的动力。

这个世界上有很多种困难，如果将每一种困难就按照难度系数表明的话，那么海伦所面对的就应该是难度系数最高的考验。她没有听觉、视觉和说话能力，却要依靠仅有的触觉去感受整个世界。她不仅生活下去，更是成为了文学家和教育家，这就是意志力带给她的力量和成功。

故事穿越

相信很多人在学生时代都曾学习过这样一篇文章，文章的主角是一名叫作邱少云的烈士。邱少云，是中国人民志愿军中非常普通的一名战士，可是他却用自己的意志力书写了一曲动人的英雄赞歌。

那是在1952年的秋天，邱少云是中国人民志愿军的一员，这一次他所在的部队担负着攻击金华以西的美国军队。为了完成任务，上级传达的指令是，让部队在391高地阵地前沿进行潜伏，而那些蒿草丛就是最好的潜伏遮蔽物。

虽然有一些遮蔽物，但是这种蒿草有一个非常不好的地方，任何一点点动作，都会让草丛随之抖动，敌人自然就能知道这里有了埋伏，所以这些潜伏的战士们必须要长时间内都保持一个姿势。

到了中午，敌军似乎对这一片草丛产生了疑心，又不敢贸然过来打探，就向草丛里投射了燃烧弹。其中有一个着火点就落在邱少云身边的草垛上，草丛立刻就燃烧起来，紧接着就蔓延到了邱少云的身上。

如果此时邱少云随意转动下自己的身体，他身上的火苗也就熄灭了。可是如果他这样做，同样也就暴露了目标和我军的进攻意图。为了不暴露目标，确保全体潜伏人员的安全和攻击任务的完成，邱少云同志咬牙坚持着，就这样在疼痛和煎熬中牺牲了自己的性命。等到冲锋号令一响，所有战士都流着眼泪冲了上去，取得了战斗的胜利。

故事微语

我们不难想象，在烈火中强忍着不让自己发出一声呻吟，不去翻转自己的身体是多么困难的一件事情。人的头脑里有本能动作和非本能动作，本能动作其实就是被潜意识控制的行为举止，当我们的身体受到伤害的时候，出于本能，我们都会自救，可邱少云却放弃了自救，而是用意志力强行让自己忍受着这种煎熬。

在现实生活中，我们并不需要像邱少云这样忍受着巨大的痛苦，但却同样需要意志力的支撑。

意志力，是我们内心动力的来源，更是我们去完成梦想的“最佳助手”。罗伊斯这样说：“从某种意义上说，意志力通常是指我们全部的精神生活，而正是这种精神生活在引导着我们行为的方方面面。”意志力不仅仅是简单的下定决心去做什么，也不仅仅是用来感悟理解的感受力，而是指所有“进行自我引导的精神力量本身”。

所以，当我们自身拥有了意志力，任何困难都无法动摇我们，那么，还会有什么可怕的吗？

心灵箴言

意志薄弱的人不可能真诚。

——[法] 拉罗什富科

道足以忘物之得春，志足以一气之盛衰。

——苏轼

没有伟大的意志力，就不可能有雄才大略。

——[法] 巴尔扎克

滴水穿石，不是因其力量，而是因其坚韧不拔、锲而不舍。

——[美] 拉蒂默

人总是要犯错误、受挫折、伤脑筋的，不过决不能停滞不前；应该完成的任务，即使为它牺牲生命，也要完成。社会之河的圣水就是因为被一股永不停滞的激流推动向前才得以保持洁净。这意味着河岸偶尔也会被冲垮，短时间造成损失，可是如果怕河堤溃决，便设法永远堵死这股激流，那只会招致停滞和死亡。

——[印度] 泰戈尔

忠于自己，才不会留下遗憾

故事话题

微软公司总裁比尔·盖茨不仅仅是世界级的富豪，更是首屈一指的科技天才，由他创建的微软公司在短短数十年内，就改变了世界、改变了人类的生活方式。

1955 年 10 月 28 日，比尔·盖茨出生在西雅图，他在上中学的时候，就对计算机编程产生了浓厚的兴趣，除了学习之外，他将自己所有的时间都放在研究计算机上。

1973 年，比尔·盖茨凭借着优异的成绩考入了哈佛大学。在这里，他第一次充分意识到自己的梦想是什么，就是要让计算机成为每个家庭、每个办公室里最重要的办公设施和娱乐设施。

在大三那一年，比尔·盖茨和他的好友保罗·艾伦有了一个机会，就是创办属于自己的微软公司，可是在刚刚创办的时候，需要投入大量的精力才能应对这个挑战。摆在比尔·盖茨面前有两条路：一个是按部就班地完成自己大学的学业，另一个就是选择这个充满了无限可能的新公司。

比尔·盖茨并没有做太多的犹豫，因为在他眼里看来，他的梦想就是通过计算机改变世界，这个公司完全就是他的梦想，所以他毅然决然地放弃了哈佛大学的学位。

在离开哈佛大学之后，他和自己的好友就将所有的财力、精力都放在微软公司的运营上，在他的领导下，微软持续地发展改进软件技术，使软件更加易用、更省钱和更富于乐趣。公司致力于长期的发展，他远见卓识以及他对个人计算的先见之明成为微软在软件产业成功的关键。

故事解析

比尔·盖茨的成功，并不仅仅是因为他的才华，同样也有他的选择。任何一个人的成功都不仅仅是单一的因素决定，而是多方因素促成的，就如同比尔·盖茨的成功一样。

如果他只有能力而没有对梦想的坚持，对自己意愿的尊重，那么他或许就不会如此坚定地选择微软公司，而是选择完成哈佛大学的学业。那么，在此之后的一切都会发生改变，或许他不会再遇到这样好的机遇，又或者当他拥有一份工作之后，而无法说服领导按照他的意愿去做。这些都成为一种连锁反应。

我们每个人都有属于自己的梦想，也都渴望完成自己的梦想。但是在现实中，却因为很多种客观因素导致梦想最终只可能是一个梦。很多人都曾经有过这样的烦恼，为什么最终实现梦想的人不是自己。

其实，真正完成梦想的人并非是因为智商多么高、机遇多么好，而是因为他们比常人更多了对自己的坚定，而非是人云亦云。这才是梦想真正得以实现的根本原因。

故事穿越

英国著名建筑学家莱恩斯基就是一个非常坚持自我的人，对于自己的设计，无论客户身份、地位如何，只要是他认为正确的，就一定会坚持到底。

有一次，温泽市政府要建筑办公楼，于是就找来莱恩斯基进行建筑工程的设计。在设计的时候，莱恩斯基利用了力学原理，在整个大厅之内只用了一根顶柱支撑大厅天花板。当施工队施工完毕之后，看着自己的设计，他认为这简直是一件精美绝伦的艺术品。

可是在市政府官员眼中，这绝对属于一个危房，整个大厅只有一根柱子，如果稍有差错，这个大厅连一点抗震能力都没有！所以他们强烈反对，要求莱恩斯基重新进行设计、施工。

莱恩斯基心理当然不愿意，可毕竟市政府才是真横的客户，任何一个设计师都有责任让自己的客户达到满意。想来想去，他想到了一个绝妙的方法，在大厅内“增加”了四根柱子，这样看起来不仅稳妥，而且也不需要施工队进行无用的返工。果然，这一次的方案市政府的官员非常满意。

在这个事情过去了上百年之后，市政府进行了一次彻底地检修，直到这时候，工作人员才发现，原来后来增加的四根柱子根本就没有和天花板进行相连，也就是所谓的“样子货”，真正起到支撑作用的还是最初那一根柱子。一时间引来了众多的国际力学研究者的观摩和研究，大家纷纷表示，莱恩斯基在设计上的创意和最终实施起来的效果简直是惊为天人。

故事微语

坚持自己，并不仅仅是固执地只认为自己是正确的，也并不是丝毫不听取他人意见的自我认知，毕竟我们每个人都生活在这个社会里，方方面面都需要和他人打交道。所以忠于自己的梦想方向，但是可以在适当的时候做一些小的调整。

正如莱恩斯基一样，他同样也有自己在设计方面的原则，同样也非常想要坚持自己的设计，但事实摆在眼前，如果他坚持了自己的原则，市政府的官员就不会接收，整个工程也就停留在这里。最坏的结果就是市政府重新再找一名设计师，重新设计，那么自己的心血同样也没有保留下来。

所以，他选择在一定程度上妥协，可是真正目的恰恰就是为了保存下他的心血。时间终究会为他证明，他的设计理念、他的设计成果都是一流的。

心灵箴言

只要持续地努力，不懈地奋斗，就没有征服不了的东西。

——[古罗马] 塞内加

书不记，熟读可记；义不精，细思可精；惟有志不立，直是无著力处。

——朱熹

在希望与失望的决斗中，如果你用勇气与坚决的双手紧握着，胜利必属于希望。

——普里尼

一个人所能做的就是做出好榜样，要有勇气在风言风语的社会中坚定地高举伦理的信念。

——[美] 爱因斯坦

第四篇

释放压力：懂得放手，轻松自来

压力，是每个人对于社会束缚的一种情感反馈，每个人对于社会反馈事物的不同，造成我们内心感受到的压力也有所不同。面对压力，有些人喜欢用疏导的方式，有些人喜欢用发泄的方式，也有些人喜欢用转移的方式。其实正确释放压力有很多方法，并不一定是唯一的，但是只有释放压力，才能让我们更加放手去生活和工作。

每个人都有自己的压力

故事话题

加拿大魁北克有一条南北走向的山谷，这个山谷并没有什么特别之处，唯一吸引少数游人到这里的原因就是在这条山谷的西坡上长满了松树、柏树，可是东坡却只有雪松。曾经也有人试图在东坡种植一些其他树种，可是每过一年的时间，这种新的树种就会死去，只有雪松能够傲然于东坡之上。

1993 年的冬天，有一对夫妇来到这里旅游，但是他们这一路上都非常沉默，原来他们已经准备要离婚了，但是又不甘心离婚，所以就来到这个他们最初相识的地方，将命运交给上天决定。如果这是一场浪漫的旅行，两个人就继续生活下去，否则就只能接受离婚这个现实。

在到达这里的第一天，山谷内竟然下起了鹅毛大雪，两个人只好支起帐篷，坐在帐篷里看外面的雪景。很快，妻子的目光就被东坡的雪松所吸引。雪松的树枝上很快就落了厚厚的一层雪，可是当雪积压到一定程度的时候，树枝就会向下弯曲，直到雪从树枝上落下，它再从新弹回来。因为雪松的树枝非常富有弹性，而其他树种却没有这样的本事，这也就是多雪的东坡只能种植雪松的原因。

妻子看到这里，突然间哭泣了起来，她开始诉说自己在生活中遇到的种种压力，包括丈夫在无意中给她带来的。而丈夫也开始向她倾诉自己因为工作压力而忽略了家庭、忽略了妻子的感受。最终，两个人都决定，在这段婚姻中要重新开始，努力让自己成为一棵雪松，释放心理的压力。

故事解析

每个人在生活中都会有属于自己的压力，这份压力或许来自生活，或许来自工作，又或者是来自于朋友太过出色等等。这并不是什么难以启齿的事情，有很多人有这样一种误区，认为如果自己承认内心的压力巨大，就是脆弱的表现，于是就将心理的真实感受苦苦地压抑着，其实，无论我们是谁，我们都会拥有属于自己的压力。

在学生时代，压力就是一次次的考试，和一个个具体的成绩；在工作之后，压力就变成了每个月的工资条；成家之后，压力就是日复一日地辛勤劳动和柴米油盐的琐碎……

尽管压力存在于每个人的心里，可是每个人对待压力的方法却并不相同，就如同这则小故事之中的这对夫妻一样，他们并没有学会如何面对压力，可是当他们看到了雪松的柔韧性之后便在心里有了感悟，原来抵抗压力最好的方法就是“以柔克刚”。

故事穿越

有一个大型公司的项目经理，他非常有能力，每次他负责的项目都能在客户规定的时间内出色地完成，而且客户的反馈也都非常满意。有一次，公司有交给他一项任务，这项任务时间非常紧，要求他一周之内必须完成。并且这个项目足以影响到他所在的公司是否能够在行业内更上一层楼，所以，全公司上上下下的焦点都在这名项目经理一个人身上。

为了能够完成这个项目，项目经理不仅经常加班，甚至将自己的生活起居都搬到了办公室里。每天他都忙着整理数据、分析报表、总结归纳，在进行模拟分析等等，从早到晚忙得团团转。而他的组员也同样如此。

其他组的成员都纷纷说，他们组可真是太拼了，如果自己调动到那个组去，不知道是不是能承受住这么大的压力啊。

果然，在第六天的时候，这名项目经理拿出了客户要求的方案，除了有一些细节处需要稍作调整之外，其他的客户都非常满意。当天晚上，公司老总就决定拉着全体员工给这个项目组人员庆功。

有一个其他部门的员工问项目经理："看你们前两天忙成那个样子，我都替你们觉得压力大啊，真辛苦。"

项目经理却说："压力这种事情，或许在外人眼里看来是非常恐怖的事情，可当你真正投入进去，专注思考自己的问题，自然也就忘记了压力。因为没有时间去思考那些事情。等事情结束了，再想去是不是压力太大，那时候就只剩下一身轻松了。"

员工听完，恍然大悟，原来这名项目经理能够在这家公司如此成功，并不仅仅是因为他的能力出众，更重要的是，在工作中，他将自己的全部精力都投入进去，不去思考任何杂事，也正是这种方法，让他在面对压力的时候仍然能够泰然自若。

故事微语

随着我们的工作、生活而逐渐产生、积压在内心深处，有很多人曾经有过这样的经历，当压力太大的时候，甚至烦躁到什么都做不下去。其实，压力不过就是生活和工作的附属品，真正重要的还是我们的工作和生活。

正如同故事中这名项目经理一样，在很短的时间里带领自己的团队完成一个项目，这其中所承受的压力可想而知。如果他无法舒缓内心的压力，总是为压力所苦恼，那么他根本就无法专心于工作本身。面对压力，他并没有采取真正的措施，只是将自己的全部精神都专注到了工作上。

所以，在面对压力的时候，如果不能正确引导、疏通，那么就将自己的精力专注到其他方面上，这种“转移精神法”同样也具有很好的效果。

压力，虽然是虚无的，它看不见摸不到，可是在生活中，它仍然能够影响到我们，所以正视压力，疏导压力，释放压力才能让我们用百分之百的精力去迎接新的挑战。

心灵箴言

被克服的困难就是胜利的契机。

——[英] 丘吉尔

流水在碰到抵触的地方，才把它的活力解放。

——[德] 歌德

顺境使精力闲散无用，使我们感觉不到自己的力量，但是障碍却唤醒这种力量而加以运用。

——[英] 休谟

你所经历的困境、磨难、失败都是获得成功的必经之路，勇敢吧，去挑战他们相信自己，你会成功的！

——王绍男

放弃不该执着的

故事话题

在春秋战国时期，吴国和越国素来不和，尤其是在吴王阖闾成为南方霸主、越王勾践继位之后，两国之间常常是兵戎相见。在公元前 496 年，吴王发兵攻打越国，但是在越国的奋起反抗下，吴国失败了，不仅如此，阖闾战死沙场。他的儿子夫差继位之后，发誓要为自己的父亲报仇。

为了报仇，夫差任命伍子胥和另一个臣子日夜操练兵马，趁着越国不备，发起了一次突然袭击，这一次，越国战败，越王勾践也成为了夫差的俘虏。伍子胥提议要杀掉勾践，以防止后患无穷，可是夫差却觉得杀掉他根本就难消心头之恨，于是决定要百般羞辱。他先是让勾践去喂马，勾践表现得非常顺从。后来吴王出门的时候，他也在前面牵马，吴王生病了，他就悉心照顾，以此来打消夫差对他的戒心。

后来，越国的范蠡出谋献策，让勾践回到了自己的国家，虽然伍子胥百般劝阻，希望夫差不要上当，可惜夫差并没有参透这其中的阴谋。

回到越国的勾践，为了激励自己早日雪耻，就在每次吃饭之前舔一口苦胆，提醒自己不要忘记昔日的侮辱。为了让越国强大起来，他亲自带领子民参加耕种，让自己的夫人参加织布，有任命范蠡、文种等能臣参与国家的治理，很快，越国就变得强大起来。公元前 475 年，越王勾践终于做好了战斗准备，于是他舒安灵军队大规模地进攻吴国，最终逼死了夫差。

这就是历史上著名的“卧薪尝胆”的典故。

故事解析

在中国封建社会中，对于尊严看得非常重要，正所谓“士可杀不可辱”，就是这个道理，而越王勾践所面临的不仅仅是失去自己的尊严，更重要的是国家的尊严。作为一个国家的君主被俘，如果没有范蠡和文种在越国为他支撑着国事，那么越国就等同于亡国。

在这样的奇耻大辱之下，勾践并没有因为逞一时之快自尽，而是默默地承担起这份羞辱，因为在他的心里，还有比这些更重要的东西——国家。自杀并不是一件难事，如果勾践自尽了，那么越国的子民要么成为吴国的附属，要么就只能另立一个越国君主，两条路对于人民而言都并不是最好的结果，所以他坚持下来。

我们每个人在心中对于事物都有一个属于自己的自我判断，哪个轻、哪个重，如何选择、如何取舍。有很多时候，过分执着某一些事情，往往容易在内心中形成自己的心结，给自己造成无形的压力。所以，对于那些不该执着的，无论是人还是事，都要用轻松的心态去面对，只有这样，我们才能感悟到人生的真谛。

故事穿越

“汉初三杰”之一、著名的军事家韩信在还没有参加反秦的队伍之前，不过就是一个非常穷困潦倒的混混。他天生个子高大，身材魁梧，可是在周围人眼中看来，他就是一个懦夫，常常被人欺负，也很少还嘴。

有一天，韩信在市场里闲逛的时候，一个年轻的屠夫站出来，出言侮辱了他。韩信听闻，转身就想走开，可没想到这个举动竟然让屠夫以为，韩信就是怕了自己，于是就更加大声地辱骂他道：“我看你长得这么高的个子还以为你是一名好汉，没想到你竟然是个懦夫！你平日腰里别着剑原来就是个摆设啊！”

韩信看着他，问道：“你到底要怎样？”

屠夫回答说：“这样吧我们打一个赌注，如果你敢用你腰里别着的剑杀了我，我就敬你是条汉子，如果你不敢，那你就从我的胯下钻过去！”

韩信看了看对方，于是毫不犹豫地选择了从屠户的胯下钻了过去。集市上的人都讥笑他，以为韩信的胆子真的很小。

当韩信利用“十面埋伏”逼死了项羽之后，他被封为齐王之后，他又重新找到了这名屠户，直到这时候，屠户才明白，韩信并非是懦夫，而是认为因为这点小事就要伤害一个人的性命，这才是更为屈辱的事情。

故事微语

韩信受“胯下之辱”，在很多人眼中看来，韩信作为中国古代最出色的将领之一，竟然能够隐忍地接受这种屈辱。其实换一个角度来看待，其实韩信这样做才是真正顶天立地的大丈夫。为了逞一时英雄，却让别人丢掉性命，这才是有辱大丈夫名节的事情。

人们常说，人活一世就图个名声，韩信却将这种名声看得非常淡薄。在我们现实生活中，其实也正需要这样的精神。执着于名利，是一种沉重的负担，因为名利并没有止境；执着于金钱，只能让自己的世界变得物质，而对于物质的追求同样没有止境。

执着，是一把双刃剑，它能够成为我们成功道路上的帮手，同样，也能够成为我们内心深处的负担。或许有人会问，究竟什么才值得我们去执着呢？

是的，在我们的人生中，有很多东西值得我们去执着，比如信仰，比如梦想，而有些东西却不值得我们花费太多心思，比如名誉，比如物质，所以执着那些应该执着的，放弃那些不该执着的，才是人生教给我们的真理。

心灵箴言

希望是厄运的忠实的姐妹。

——[俄] 普希金

通向人类真正伟大境界的道路只有一条——苦难的道路。

——[美] 爱因斯坦

人生布满了荆棘，我们想的惟一办法是从那些荆棘上迅速跨过。

——[法] 伏尔泰

上天完全是为了坚强我们的意志，才在我们的道路上设下重重的障碍。

——[印度] 泰戈尔

不因幸运而故步自封，不因厄运而一蹶不振。真正的强者，善于从顺境中找到阴影，从逆境中找到光亮，时时校准自己前进的目标。

——[挪威] 易卜生

张弛有度，掌握压力的节奏

故事话题

台湾著名的综艺节目主持人、知名作家蔡康永曾经在自己的书中写过，在他刚刚接触到这一行的时候，也常常感到压力巨大，于是他就选择用一种方式去减压。这个方式就是天天都过愚人节。

在他还在美国加州大学洛杉矶分校念书的时候，常常观看一些“整人”的节目，节目的工作人员会用各种各样带有娱乐效果，却比较有分寸的方式去整路人，然后用微型摄像机记录下被整路人的反应。蔡康永觉得这是一个非常好玩的游戏，于是就想尽各种办法去整身边的同学、室友。就在这种整人和被整的过程中，大家都收获了快乐，关系也变得熟络起来。

在他进入这一行之后，他又重新捡起了自己这个减压方式。在他看来，恶作剧这种方式不仅能够在短时间内能够给人带来欢乐，而且能够让人忘记自己内心的压力。后来，在他的朋友圈里，蔡康永成为水平最高的恶作剧“专家”。

不过，蔡康永也说道，恶作剧不仅仅是以欢乐为主，同样也要掌握一个适度的问题，尤其是被整的人是否具有娱乐精神等等问题。

故事解析

在现在这种快节奏的生活中，每个人的神经都处于一个高度紧张的状态，所以，在适当的时候，要学会减轻自己内心的压力，这些都是非常重要的。

每个人选择的减压方式都并不相同，可最关键的就是要学会掌握压力的节奏。或许有些人会问，压力是看不见摸不着的，如何掌握它的节奏呢？我们能够将时间分为一分一秒，能够把水分成一杯一盆，压力，也同样能够拥有属于它的刻度。这个刻度就来源我们自己的内心。

曾经有心理学家这样建议过白领们，不要总是因为忙于工作而忽略了自己的内心，每天晚上花费五分钟的时间，和自己的内心进行一场沟通，这样不仅能够舒缓自己的压力，同时也能够更清楚自己内心中究竟在想什么、最需要什么。这样更有利于释放压力。

故事穿越

有一个女孩身体非常瘦弱，体育是她的弱项，尤其是长跑，每一次考试，她都是班级内倒数名词。这让女孩感到非常沮丧，她的母亲就安慰她说：“跑得慢也没关系，不要给自己太大的压力，下一次你再参加考试的时候，就记住，每一次你都只盯着自己前面的那个同学，每次你都只前进一名，这个不困难吧？”女孩想了想，点了点头。

女孩再参加跑步的时候，她就奋力追赶自己前面的那个同学，每一次都只超越前面一名学生。一年之后，这个小女孩的跑步成绩已经成功地领先于班里其他同学。

后来，女孩将这种“只追前一名”的原则放到了学习中。在2001年，她从北京大学毕业，并且凭借着自己优异的成绩考入了哈佛大学。那一年，她成为哈佛教育学院录取的唯一一位中国应届本科毕业生。这个女孩叫作朱成。

在哈佛大学内，朱成继续攻读了硕士学位、博士学位，在读书期间，她不仅成绩优秀，更是当选为哈佛大学研究生总会主席，这是哈佛大学建校之后第一位中国籍学生出任该职位。

故事微语

“只追前一名”，这对于很多人来说，都并不是十分困难的事情。因为前面的目标并不遥远，因此也不会给自己的内心造成太大的压力，可是通过长时间的坚持，这种每天持续的进步，却能够让人改变自己。

每个人在心中都会为自己树立一个目标，有目标就会有动力，但是相对的，也会有压力产生，动力和压力是相对的。所以如何利用这种动力，如何将压力释放出去，也同样都是重要的。

压力，并非是无法掌握的，它同样也有自己的节奏，只要我们在生活中稍做注意，就能够改变着一切。

心灵箴言

没有压力，这是一场游戏。

——刘翔

不能对他要求很高，减轻他的压力就行了。

——谢杏芳

人生就像高压锅。压力太大的时候自己就熟了。

——周立波

科学尊重事实，服从真理，而不会屈服于任何压力。

——童第周

人有没有信念并非取决于铁链或任何其他外在的压力。

——[苏格兰] 托·卡莱尔

做到在第一时间减压

故事话题

在很久之前，有一个人总是觉得自己生活沉重，内心被压力压得喘不过气来。于是他就找到一个哲学家，想要让这名哲学家帮帮自己。

哲学家听完他心理的难题之后，并没有多说什么，而是让他背起一个篓子，然后告诉他："你看，这路上有很多砂砾，你每走一步就扔进去一块石头。"

这个人背着篓子走了一会儿，然后又走了回来。哲学家问他："现在你明白为什么自己会觉得日子越来越沉重吗？"

这个人终于明白，原来我们每个人刚刚来到这个世界的时候，就是背着一个空篓子，可是在我们成长过程中，我们自然要将东西放进篓子里，自然就让人感到沉重了。这个人又问道："那我如何才能改变这一切呢？"

哲学家回答说："这里面就相当于你遇到的工作、爱情、家庭、友谊、名利、金钱等等，如果你想要减少这个重量，就要将自己并不看重的东西拿出来，只有这样你才能真正感到轻松。"这个人终于恍然大悟地点了点头。

故事解析

我们常常会感觉到生活过于沉重，换言之，就是生活的担子太过沉重，那么有什么方式能够改变着一切呢？大多数人都有过这样的经历，当我们背着沉重的背包长途跋涉的时候，刚开始的时候，或许并不觉得这个背包过分沉重，但是当我们走了一段时间之后，肩膀自然就会因为这份重量而备受摧残，到最后，这个背包在我们内心的重量似乎已经超过了它的实际重量。

如何才能改变这一切呢？正如同故事中的哲学家所言，这个背包其实是虚拟的，它承载的并非是真实的东西，而是我们人生的重量。既然如此，我们就应该在重量形成的第一时间减少负担。只有这样，才能避免因为压力时间过长而导致的负面情绪。

减少压力，就是减轻自己内心的负担，只有怀着轻松的心情，才能去迎接生活中新的挑战，才能让自己在人生道路上步履轻盈。

故事穿越

曾经有这样一个故事，有一个人在赶路，他最开始步履轻盈。可是走着走着，他感觉到自己的鞋子里进入了一些沙子。原本他想停下脚步将鞋子里的沙子倒出来，可是转念一想，不过就是一粒沙子而已，如果停下脚步反而更耽误时间，于是他继续坚持着赶路。

又走了一段时间，他觉的脚底变得火辣辣的疼，因为疼痛，他的步伐越来越小，速度也越来越慢。直到自己实在无法坚持下去了，他只好停下脚步，脱下鞋子，这才发现，原来自己的脚底已经被这几颗小石子磨得全是血泡，有的已经破了。

无奈之下，他只好停下脚步，找了个地方休息。这下子耽误的就不是“拖鞋倒沙子”的时间了。

故事微语

及时清理掉鞋子里的石头子，就如同我们要在第一时间内释放内心的压力一样。在行走的时候，如果不及时清理掉鞋子里的石头，耽误的不仅仅是一次脱鞋倒石头的时间，而是我们轻松的状态。

在人生旅途中，我们常常要背负着很多，包括亲人们期待的眼神，爱人的寄托和依靠等等，可是这些越沉重，内心的压力也就越大。

正所谓“希望越大，失望越大。”同理，“希望越大，压力越大。”所以在奋斗的过程中，我们不能忘记，除了努力之外，我们还要学会在第一时间里减少内心的压力，努力保持这种轻松的状态，因为这种状态更有利于我们获得成功。

心灵箴言

释放所有的压力确实不好，应该要保持一定程度的紧张。

——[日] 宫崎骏

高雅的品味，崇高的道德标准，向社会大众负责及不施压力威胁的态度——这些事让你终有所获。

——[美] 李奥贝纳

性情稳静愉快的人，不大会感到老年的压力，但是对于具有相反之性情的人，青年和老年同样都是重负。

——[古希腊] 柏拉图

一个人若能为别人的生命与人道的法则着想。纵使他正在为自己的生命挣扎，并处于极大的压力之下，也不会全无回报的。

——[英] 丘吉尔

不让压力长久的紧缚心灵

故事话题

NBA 篮球巨星奥尼尔出生于一个单亲家庭，他的父亲曾经也是一名篮球运动员，可是在他还没有出生之前，就狠心地抛弃了奥尼尔母子。直到奥尼尔的母亲遇到了后来的丈夫哈里森，便嫁给了他，形成了新的家庭。

哈里森对奥尼尔非常好，但是他只是一个最普通的卡车司机，为了养活一家人，他们生活得非常清苦。在上学之后，奥尼尔只有一条能穿在外面的牛仔裤，每日三餐都只能吃鸡肉三明治，这是最便宜的食物之一。奥尼尔的同学天天嘲笑他，有时候被逼急了，奥尼尔只能用拳头来教训那些前来挑衅的同学，为此他没少被继父打。

其实想一想也能明白当时奥尼尔心里的苦楚，但是他心里却从来都不因为这些而难过，即便是被继父打，他心里也非常明白，虽然继父和他并没有血缘关系，可是继父的心里确实是为了他好，希望他成才。

为了减轻家里经济上的压力，他在十几岁的时候就开始去麦当劳打短工，后来又去做保姆等工作，十分辛苦。直到他 14 岁那一年，他开始展现出高潮的篮球天分，最终走上了职业篮坛。

尽管生活非常艰苦，可是奥尼尔却从来没有因为因此而自怨自艾，也从来不认为地位就是内心的压力，他依然自信地绽放出属于自己的光芒。

故事解析

每个人的成长环境都是不同的，有这样一句话：“环境造就人。”就是表示一个人的成长环境对于一个人的影响是巨大的，这种影响有好的一面，同样也有坏的一面，如何在心中评定，只能依靠个人。

奥尼尔的成长环境，可以说是非常不好，单亲家庭、经济贫困，但是他却从来都不因为这些外在因素而在内心中形成非常巨大的压力，更没有因为这些而感到过自卑，而是选择从心里去理解父母的难处。

在我们的现实生活中，有很多事情都是无法选择的，比如家庭，比如父母，比如感情，可是这些却是构成我们人生的必要因素，个人的心境也随着这些因素而被影响着，甚至是压力的来源。可是，既然这些事情是无法选择的，倒不如顺从命运的安排，不要让这些成为心头的压力，最终让我们失去快乐和轻松。

故事穿越

世界三大著名男高音之一的帕瓦罗蒂的父亲同样也是一位很有天赋的男高音歌唱家，可是因为他非常害羞，只要一站上舞台，就紧张到瑟瑟发抖，所以这辈子尽管他同样拥有非常出色的嗓音条件和唱歌技巧，但注定了与舞台无缘。

而他的这个习惯竟然也遗传给了帕瓦罗蒂本人，他同样也是在每一次演出之前都非常紧张。但是和他的父亲相比较，帕瓦罗蒂找到了一个非常好的调整自己内心紧张的方法，这也成为他最广为人知的癖好，就是每次在上台的时候，兜里必须放着一枚钉子。如果没有这枚钉子，那么“高音C之王”就没法高歌。

据说，在每一次演出的时候，如果帕瓦罗蒂有幸找到了一枚生了锈的、弯曲的钉子，那么在接下来的表演中，帕瓦罗蒂常常能够超水平发挥，甚至能够一口气多唱几个高音。因为他认为，生了锈的、弯曲的钉子会给人带来无限的好运。

后来，有很多歌迷竟然不远万里地给他寄去一枚生锈的、弯曲的钉子，预祝他今后的歌唱事业蒸蒸日上。而其他演出的主办方也会精心准备若干枚钉子供他挑选。

故事微语

每个人的“应急装备”都是不同的，有的人拥有强大的内心却没有出色的才华，有的人拥有出色的才华而没有强大的内心，只有少数人既能够拥有出色的才华，也能够拥有强大的内心，所以他们成功了。

可这个世界并非是一成不变的，有很多事情都在发生着变化。帕瓦罗蒂怯场的毛病并非是无法克服的，他选择用一种能够安慰自己的方式来给自己加油鼓劲。揣着一枚生锈的、玩去的钉子，就是他想到的方法。

的确，每个人都有各自的解压方式，也都会不同的解压效果。其实，选择哪一种解压方式都并不重要，重要的是是否能够做到真正的释放心中的压力，让自己从这种紧张的情绪中解脱出来。

每个人的内心都是一种容器，当这个容器内部充满了负面情绪的时候，自然就会影响到我们的生活，反之，当我们尽量将容器中的负面情绪释放出去，自然就能够放松心灵，解开心理的束缚。

心灵箴言

高尔基在成名以后不得不抵住，或者在一段长时期里不断的抵住憎恨和妒忌的压力。他是一举成名的——这在我们的世界上就是一件不能原谅的事。

——[俄] 契诃夫

我关注的是我今天能做什么事情，我这个月能做什么事情，我今年能做什么事情，过了今年的事情我基本不关注，我很少做给我带来巨大压力又恐怕做不成的事。

——俞敏洪

人的天性虽然是隐而不露的，但却很难被压抑，更很少能完全根绝。即使勉强施压抑，只会使它在压力消除后更加猛烈。只有长期养成的习惯才能多少改变人的天生气质和性格。

——[英] 培根

第五篇

亲近自然：在最广阔的胸怀里享受美好

大自然，是地球对人类最好的馈赠。奔腾的河流、宽广的海域、壮丽的高山、浩瀚的沙漠……这些自然奇景，不仅带给我们丰富的物质资源，同时也给我们的心灵带来了无限的冲击。当我们因为生活中的琐碎而感到烦恼的时候，不妨选择走进自然，去感受它的魅力，这也是一种非常好的方法。

倾听大自然的声音

故事话题

东晋时期的大诗人陶渊明是中国历史上第一位田园派诗人，他那篇著名的《桃花源记》就深刻的表明了他对那种平淡的、单纯的、没有任何勾心斗角世界的向往。

陶渊明出身在一个书香门第之中，但由于父亲过早的过世，这个家庭已经逐渐没落，而陶渊明作为家中唯一的男丁，身负着光宗耀祖的重任。所以他自幼就努力读书，后来考取了功名。

然而，尽管他成功地得到了功名，可是内心却仍然无法获得真正的快乐和轻松，因为朝廷内部的黑暗，让他整日愁眉不展。因此，陶渊明最终选择辞去官职，将家庭安置在一片田园之中，让自己的心回归自然。

尽管这样的日子非常清苦，只能够过着最简朴的农耕生活，可是在这种氛围内，陶渊明却收获了最简单的快乐和幸福。

故事解析

大自然拥有最神奇的魔力，能够让我们在很短的时间内能够平静下来，无论面对怎样的烦恼和困境，只要当我们回归自然，就能够将这些烦恼统统抛之脑后，这就是大自然的魔力。

陶渊明厌恶官场内的尔虞我诈、勾心斗角，所以甘愿做一名平凡的老农，在这片田园之中，或许他无法收获太多物质方面的享受，但是这一切的平静，对于他而言，却是最好的归宿。

当然，我们并非是要放弃生活和梦想，只求回到自然的怀抱。在现在这种快节奏的生活方式之中，每个人都会在内心堆积着很大的压力，所以在适当的时候，懂得回归自然，去聆听大自然的声音，让内心变得平和，也是一种减压的方式。

故事穿越

著名作家史铁生因为一次“脉管炎”病致双腿瘫痪，那时候他刚刚成年。对于一个正值青春岁月的青年人而言，瘫痪是一个遥远而陌生的词汇，可是史铁生却被迫要接受这就是事实。

在之后很长一段时间里，史铁生都找不到工作，一次无意之间，他摇动着自己的轮椅走进了地坛公园。自此之后，这里就成为了他内心世界的“家”。这里就如同只属于他的一个静谧的世界，在这里，他能够倾听到花鸟的声音，能够感受古建筑的雄伟，更能够看清自己内心中最迫切的希望。

后来他开始专心于写作事业，决心要用文字记录下自己所有的心情和生活感悟。通过自己的不懈努力，史铁生不仅成为读者非常熟知的作者，同时也是一名编剧。尽管他双腿残疾，但是自然赋予了无限的能量，让他成为一个生活中的强者。

故事微语

自然的力量，在很多时候都是无形的，却是非常有力度的。人，并非是机器人，都会有属于自己的悲欢离合，在情绪上也有起起伏伏，这些都是非常自然的事情。可是人类同样需要精神上的慰藉，而大自然正是能够提供这种力量的支柱。

史铁生在刚刚瘫痪之后，他曾经迷茫过，在自己没有工作，只能成为家庭负担的时候；他曾经绝望过，在他自己完全看不到未来的时候；他曾经感慨过，在他认为自己非常不幸的时候。可是，当他认为这个世界都将他遗弃的时候，大自然却敞开了最宽广的怀抱迎接了这个青年，给予他最安静的抚慰。

我们常说，当人们在情绪非常低落的时候，对周围事物自然也就更加敏感一些，所以往往在这个时候，就能够听懂大自然的话，那是一句句无形的激励，让我们勇敢地面对未来、迎接挑战。

心灵箴言

自然从不背离它热爱的人。

——[英] 华兹华斯

只有顺从自然，才能驾驭自然。

——[英] 培根

自然是善良的慈母，同时也是冷酷的屠夫。

——[法] 雨果

自然与美德，受到社会、财产的产物学问和艺术的侵害。

——[法] 卢梭

大自然有让人放松的魔力

故事话题

美国著名的医学家、遗传学家缪勒从小就非常喜欢大自然，这个习惯是他父亲影响他的。在他童年的时候，每到夏天，父亲就会带着全家人到外面去度假，让孩子接触到大自然。有时候，全家人在森林中漫步，看看鲜花、观察下昆虫等等。在这个过程中，父亲总是会给孩子讲述一些科学家、发明家、伟人的故事。这些都给缪勒留下了深刻的印象。

有一次，缪勒很顽皮地追赶着一只蚱蜢，结果一个不小心就从高高的山坡上摔了下去，造成了小腿骨折。在养伤的这段时间里，他只好将捕捉来的昆虫制作成精心的标本，而其他小动物，他则是给予了最精心的喂养、照顾。

其他同学来到家里看望他的时候，问他为什么要在家里弄这些，而不安心养伤，缪勒说，将大自然的气息带回到家里，这样也有助于身体的康复，毕竟大自然能够给我们最好的放松。

故事解析

有很多人都曾经有过这样的经历，当我们内心充满了焦虑和迷茫的时候，抬头看看蓝天，或者是在微风中散散步，都能够非常快速地抚平内心中的犹豫。

甚至也有心理学家提出自然疗养法来治愈人们抑郁的心情，而这些都是建立在大自然拥有一种能够让人放松心情的魔力的基础之上。

缪勒因为顽皮而导致自己必须在家里静养数日，小孩子的天性让他根本不能安静下来，但是从大自然中带回来的小生灵却能让他感受到到自然的魅力，这就是他为什么会选择将昆虫和小动物带回到家中的原因。

所以，请不要忽视自然的力量，当我们内心苦闷的时候，不如来一场和大自然的亲密接触，或许能够让我们放飞心灵也未曾可知。

故事穿越

英国著名的生物学家、进化论的奠基人达尔文在工作之余非常喜欢接触大自然，也常常利用这种方式来给自己减压。有时候他工作累了，就跑到树林里去观察昆虫、植物的生长变化。

有一次，达尔文有一次到树林中散步，呼吸一下大自然的空气，就在这个时候，他发现树上正有几只刚刚出生不久的小鸟，正在等待母亲觅食归来。达尔文就想了解一下鸟类是如何哺育下一代的，于是就在站那里仔细观察。

为了不惊吓这些嗷嗷待哺的小鸟，他站在树下如同一根木桩，一动不动。过了很久，他突然感觉到自己的肩膀上有什么东西，回头一看，原来是一只松鼠。看样子，这只松鼠真的将达尔文当成了木桩。

正是因为达尔文喜欢在大自然中收获灵感，所以在此之后，他才撰写出《物种起源》，并且提出了“进化论”，成为“19 世纪自然科学的三大发现”之一。

故事微语

当我们身处大自然之中，总会有一种放松的感觉，这并非是大自然真的有什么不可察觉的魔力，而是大自然总是体现出一种与世无争的平静。

在现如今这种快节奏、多竞争的生活之中，与世无争似乎已经成为了一种遐想，因为我们身处在这个社会中，竞争并不是自己就能够决定的事情，而这种竞争往往正是我们内心深处压力的来源。

当我们回归到大自然之中，这种竞争带来的压力，就会随着与世无争的自然风光而消失殆尽，取而代之的就是心灵的平静。

心灵箴言

只有服从大自然，才能战胜大自然。

——[英] 达尔文

只有按照自然所启示的经验来生活。

——[德] 叔本华

大自然从来不欺骗我们，欺骗我们的永远是我们自己。

——[法] 卢梭

这自然法规我认为是最高的法规，一切法规中最具有强制性的法规。

——[美] 马克·吐温

世界之大，紧张其实微不足道

故事话题

宋代著名诗人、唐宋八大家之一的苏轼，自幼刻苦读书，在文学方面具有非凡的天赋，年仅 19 岁就考取了功名，并且得到当时的主考官，也同样是一代文豪欧阳修的赏识。

然后好景不长，苏轼因为反对王安石的变法而撰写了一首诗作，没想到的是，正是这首诗给他带来了一次人生的危机，竟然在短短的几个月中就被贬至黄州。

由于生活所迫，苏轼只好带着家人开始了农耕生活，以此来贴补俸禄上的不足，为了排遣内心中的苦闷，苏轼常常到赤壁山游览。尽管这里并非三国时期赤壁之战的战场，但是望着这雄伟的自然风光，苏轼不仅有感而发，就是这里，苏轼撰写了一代佳作《赤壁赋》、《后赤壁赋》和《念奴娇·赤壁怀古》。

故事解析

在大自然面前，人类似乎是渺小的，而那些小情小爱、人生挫折，就更是微不足道的一件小事。任何一处山川都是经过了千百年的锤炼，任何一处河流都是经过了千百年的传承。

苏轼因为仕途受阻，只能寄情于山水，用这种方式来抒发内心的苦闷，但也因此成就了自己在文学上的突出造诣。

在生活中，每个人都会有自己的烦恼，可如果将这种烦恼放在自然中看，这份烦恼实在是无足轻重的一件小事，可是我们每天都把目光放在这份烦恼之上，这份烦恼自然也就无限放大，成为一件令人头痛的事情。

所以，在我们面对挫折、面对烦恼，内心中的苦闷无处排遣的时候，不如走入自然，让这座天然无害的“医馆”治疗下内心的伤痛吧。

故事穿越

唐朝诗人孟浩然同样也是一位寄情于山水的才子，在早年时间，他并不去考取功名，而是选择隐居鹿门山，过着闲云野鹤一般的生活。

直到40岁的时候，孟浩然离开鹿门山参加科举考试，但是没想到的是竟然名落孙山。但是孟浩然并没有灰心，而是在在长安四处献诗结交名士，一时之间名声大噪。一次偶然的机会，天子李隆基和孟浩然在王维的家中相遇。李隆基也是一个爱才之人，就命令孟浩然为他作一首诗，孟浩然朗声诵道：“北阙休上书，南山归敝庐。不才明主弃，多病故人疏。白发催年老，青阳逼岁除。永怀愁不寐，松月夜窗虚。”

这首诗正是孟浩然对自己大半生的写照，可是没想到李隆基听完之后，龙颜大怒，认为孟浩然是沽名钓誉，自以为是才子，却并不上进，还将这种怀才不遇的罪名安置在天子头上。

由于这一次功名之旅非常失败，孟浩然便重新过起了隐士生活，赋诗多首以表明自己淡泊情怀，不慕虚荣权贵只求洁身自好，最终成为一代诗人。

故事微语

现实并不能一味地满足我们的希望，有很多人都曾经有过梦想，但最终都因为种种原因而未成形。有很多人也都曾经有过宏图大志，但是却在现实中寻找不到自己的位置。

这种心灰意冷，或许就是我们所说的怀才不遇。其实，不仅如此，有很多小心思、小情绪、小紧张，都能够影响到我们的生活。我们不能带着这种负面情绪，更不能让这些负面情绪成为人生的负累，所以，及时调整自己的内心就成为生活中的智慧。

有很多人都曾经有过这样的紧张时刻，或许是因为内心太过看重，所以才格外紧张，但往往在这种情况下，紧张过头很容易让好事变成坏事。真如同孟浩然见到李隆基之后，非常迫切地希望李隆基能够认可自己的才能，可是没想到却弄巧成拙。

所以，在人生的关键时刻，不要紧张，更不要让紧张影响到我们的心情，因为紧张其实不过就是最微不足道的一种情绪，仅此而已。

心灵箴言

大自然治病，医生只是助手。

——[古希腊] 希波克拉底

大自然的每一个领域都是美妙绝伦的。

——[古希腊] 亚里多德

大自然和智慧在任何事物上都不存在分岐。

——[土耳其] 玉外纳

当人类欢呼对自然的胜利之时，也就是自然对人类惩罚的开始。

——[德] 黑格尔

在大美山水中释放紧张

故事话题

佛郎西斯•奇切斯特是非常胆大的旅行家，他常常选择做一些惊险刺激的旅行。在1931年，他便开始尝试自制飞行器进行环球旅行，这让他很多朋友都惊呆了，但由于技术原因，这个愿望并没有实现。

后来，佛郎西斯•奇切斯特开始进行航海，在首届横渡大西洋担任航海比赛中取得冠军的时候，他已经是58岁的老者。但是年龄并没有阻止他的脚步，在他65岁的时候，他再一次提出，要进行一次航海环游世界。

当时的他已经身患癌症，需要进行治疗，他的家人非常反对这个想法，并且想要通过各种健康测试来让他打消这个念头，但是佛郎西斯•奇切斯特非常固执。这一次的航海探险，可以说是一次壮举。

1967年5月28日，星期天，晚上21点，他终于回到了英国。至少有25万人正准备着迎接这位英雄。伊丽莎白二世女王手持宝剑敕封他为爵士，因为在四个世纪之前，伊丽莎白一世女王也曾手持同一把宝剑，把爵位赐予完成首次环球航行的佛郎西斯•德雷克爵士。从英国出发，再返回英国，整个航程长达28，500英里。佛郎西斯•奇切斯特花了9个月的时间，其中实际航行时间为226天。他终于完成了他想完成的伟业。

故事解析

大自然能够赋予人们无限的力量，在很多人眼中看来无法完成的任务，有些人却从大自然中获得了力量。佛郎西斯·奇切斯特作为一名老者，还是一名身患癌症的老者，可是他却凭借着自己的毅力和对梦想的追求完成了这次航海计划。

其实我们每个人都会有自己的梦想，也都会有自己的情绪，在更多的时候，我们将这些都紧紧地关闭在自己的心门之中，因为我们不愿意对旁人说起这一切。

可是大自然却能够轻而易举地打破我们的心理防线。我们可以将自己内心中最深处的秘密和感悟都说给一个树洞听，就如同电影《2046》中所演的一样，让树洞做一个最好的沉默的聆听者，这就是我们释放压力的最佳途径，因为我们永远都不会担心，大自然的背叛。

故事穿越

著名作家老舍先生非常喜欢小动物，尤其是猫，他曾经撰写过一篇散文，就是描写猫的生活和性情的。

老舍先生在创作文学的时候，常常会因为长时间的投入而感到精疲力尽，此时，猫就是他最好的陪伴。老舍先生将这些猫是做家庭成员，对它们进行最细心地呵护和照顾，哪怕是这些小猫咪淘气了、闯祸了，老舍先生也觉不舍得打它们。

中国作家喜爱猫是一个非常普遍且有趣的现象。鲁迅、冰心、郑振铎、丰子恺、季羡林、杨绛、柏杨、王蒙……钱钟书先生喜欢帮爱猫打架，为爱猫赋诗；别人遛狗，季羡林遛猫，在散步的时候，他的爱猫虎子如影随形；闻名海峡两岸的柏杨、张香华伉俪共话爱猫“孟子”；席慕容刘海北同写《刘家猫园》……

其实在这些作家的身边，猫并不仅仅是一种宠物，更是他们排遣寂寞，抒发心情的“使者”，猫咪用自己灵性却并不依赖主人的性情，给这些作者更多精神上的安抚。

故事微语

很多人都喜欢饲养宠物，更喜欢和宠物一同去感受大自然的快乐时光，在快节奏的生活之中，宠物带来的好处非常多。它不仅能够让我们更加快乐，也能增添很多生活情趣。

有人曾经这样形容，宠物其实就是大自然送给人类的友谊使者。相对于那些生长在大自然的动物而言，宠物离人类的生活更近，它不仅能够和人类生活在一起，并且还能随着人类自己的习惯而改变。

在很多城市中，饲养宠物的人数量逐渐增多，也都是想要通过这种方式来调节内心中的紧张和压力，所以当我们内心烦闷的时候，不如带领自己的宠物回归自然，去享受一下休闲时光，着同样也是一种释放紧张的绝佳途径。

心灵箴言

天行有常，不为尧存，不为桀亡。

——荀子

非但不能强制自然，还要顺从自然。

——[古希腊] 埃斯库罗斯

我的人生哲学是工作，我要揭示大自然的奥妙，为人类造福。

——[美] 爱迪生

急雨才收翠色新，长青树上露沉沉，迷蒙白雾轻如许，欲上秋空作暮云。

——寂莲法师

做一个心胸豁达的人

故事话题

唐朝有一位叫作娄师德的官员，他官至宰相，但是却并没有留下太多的丰功伟绩，甚至有很多人对于这位并不出名的宰相完全不了解。

可是，娄师德却是一位非常宽容豁达之人。有一次，凤阁侍郎李昭德在背后平价娄师德说，他不过就是个乡巴佬，凭什么做宰相呢？娄师德听闻之后，反而是哈哈大笑，说道：“我不当乡巴佬，谁来做乡巴佬呢？”

即便是一代名相狄仁杰也曾经非常瞧不起娄师德，甚至想要通过一些政治手段将他挤出朝廷。但是有一天女皇武则天召见狄仁杰告诉他，原来武则天之所以能够信任、重用狄仁杰，正是这位娄师德向她举荐的。

故事解析

娄师德待人宽容，心胸豁达，他任职期间，从未因为任何个人恩怨而与其他官员心存芥蒂，完全是一副公事公办的模样。或许有人会想，即便如此，他遭遇到了很多不公平的待遇，内心难道真的不会有所抱怨吗？这正是娄师德的智慧。

我们常说，用别人的错误来惩罚自己，这才是最愚蠢的行为，宽容对待他人，才能让自己的内心更为平静，才能让自己收获到快乐而平静的生活。

如果我们常常因为生活中一些细微的摩擦就产生负面情绪，那如和能让自己平静的生活呢？

做一个心胸豁达之人，让自己的心胸和海洋一样宽广，心有多大，世界就有多大。当我们学会了用宽容的视野去看待我们的生活，就会豁然开朗许多。

故事穿越

德国著名球员米歇尔·巴拉克是一个心胸非常宽广的人，有一年的南非世界杯预选赛上，德国队正在和威尔士队进行激烈的对抗，就在下半场进行到第38分钟的时候，巴拉克被本队年轻的前锋波多尔斯基甩了一耳光。这一幕让当时观看比赛的球迷们目瞪口呆。

原来当时巴拉克批评了波多尔斯基在防守中不够积极，可是年轻气盛的波多尔斯基也正因为自己没有进球而郁闷，听到队长这样说自己，一时气愤之余，就全然不顾比赛和理智，做出了这种举动。

这一巴掌刚刚下去，波多尔斯基也被自己的举动吓到了，可是巴拉克却只是用手捂住了脸颊，转身回去继续参加比赛。最终德国队以2 0力克威尔士队。

后来也有人就这件事情对巴拉克和波多尔斯基，巴拉克非常宽容地表示，其实当时大家心里都很着急，所以就会有一些意想不到的事情发生，不过这并没有什么。而波多尔斯基则表示，非常感激巴拉克的宽容，能够包容我如此不理智的举动。

故事微语

有很多时候，我们常常因为冲动而做出一些比较不理智的举动，而这些举动则成为我们人生之中无法改变的事实。但是如可让我们能够理智的对待人生所遇到的种种呢？除了理性、冷静之外，其实也很需要包容。

正如同巴拉克包容波多尔斯基这突如其来的巴掌，其实在赛场上，这

不过就是一件小事，毕竟足球是一种团体竞技，需要相互配合，如果波多尔斯基能够宽容豁达地听从队长的领导，那么还会出现如此尴尬的一幕吗？

生活就是这样，用什么心态去看待生活，生活就回馈给我们什么样的风景。所以做一个心胸豁达之人，自然就能感受到生活中的豁达。

心灵箴言

努力持所趣，空名定何益。

——苏晋

如烟往事俱忘却，心底无私天地宽。

——陶铸

人生由来不满百，安得朝夕事隐忧。

——于谦

心胸豁达，足能涵万物，心胸狭隘，无能容一沙。

——[意大利] 安东尼奥·博尔基亚

心灵榜样微史话

苏格拉底

苏格拉底（前 469—前 399），古希腊著名的思想家、哲学家、教育家，他和他的学生柏拉图，以及柏拉图的学生亚里士多德被并称为“古希腊三贤”，更被后人广泛认为是西方哲学的奠基者。

林肯

亚伯拉罕·林肯，美国政治家、思想家。第 16 任美国总统，其任总统期间，美国爆发内战，史称南北战争，林肯坚决反对国家分裂。他废除了叛乱各州的奴隶制度，颁布了《宅地法》、《解放黑人奴隶宣言》。但是在南北战争之后，北方有几个支持联邦政府的州却仍被林肯允许可继续保有奴隶制度。林肯击败了南方分离势力，维护了美利坚联邦及其领土上不分人种、人人生而平等的权利。内战结束后不久，林肯遇刺身亡，是第一个遭遇刺杀的美国总统，也是首位共和党籍总统，曾位列最伟大总统排名第一位。也是当今评出的最有作为的总统之一，（其他两位是乔治·华盛顿、富兰克林·罗斯福。）

美国曾于 2005 年举办票选活动——《最伟大的美国人》，林肯被选为美国最伟大人物中的第二位。说话、办事老实、公正。公众称他为“诚实的老亚伯”和“伟大的解放者”。他说自己永远是鞋匠的儿子。

爱迪生

托马斯·阿尔瓦·爱迪生（1847—1931），他是世界著名的发明家、物理学家，更是一名成功的企业家，同时拥有超过 2000 多项重要的发明专利。因此，他被传媒称为“门洛帕克的奇才”。

他是人类历史上第一个利用大量生产原则和电气工程研究的实验室

来进行从事发明专利而对世界产生重大深远影响的人。

爱迪生，1847 年 2 月 11 日出生于美国中西部的俄亥俄州一个叫米兰的小市镇。他的父亲是荷兰人的后裔，母亲曾当过小学教师，是苏格兰人的后裔。

爱迪生从小并没有展现出过人的天赋，并且因为常常问一些“愚蠢的问题”被学校除名。

1867 年，爱迪生以报务员的身份来到了波士顿。就在这一年，他获得了第一项发明专利权——自动记录投票数的装置。

从 1872 年到 1875 年，短短的三年时间，爱迪生就先后发明了二重、四重电报机，还协助别人制造了世界上第一台英文打字机。自此之后，他走上了发明的道路。

狄更斯

查尔斯·约翰·赫芬姆·狄更斯生于朴次茅斯市郊，是 19 世纪英国批判现实主义小说家。狄更斯特别注意描写生活在英国社会底层的“小人物”的生活遭遇，深刻地反映了当时英国复杂的社会现实，为英国批判现实主义文学的开拓和发展做出了卓越的贡献。

狄更斯凭借勤奋和天赋创作出一大批经典著作，是个高产作家。他又是一位幽默大师，常常用妙趣横生的语言在浪漫和现实中讲述人间真相。

狄更斯是 19 世纪英国现实主义文学的主要代表。艺术上以妙趣横生的幽默、细致入微的心理分析，以及现实主义描写与浪漫主义气氛的有机结合著称。马克思把他和萨克雷等称誉为英国的“一批杰出的小说家”。他的作品至今依然盛行，对英国文学发展起到了深远的影响。主要作品有《匹克威克外传》《雾都孤儿》《老古玩店》《艰难时世》《我们共同的朋友》《双城记》等。

帕瓦罗蒂

鲁契亚诺·帕瓦罗蒂 （1935—2007），世界著名的意大利男高音歌唱家。早年是小学教师，1961 年在雷基渥·埃米利亚国际比赛中的扮演鲁道夫，从此开始学唱歌生涯。1964 年首次在米兰·斯卡拉歌剧院登台。第二年，应邀去澳大利亚演出及录制唱片。1967 年被卡拉扬挑选为威尔第《安魂曲》的男高音独唱者。从此，声名节节上升，成为国际歌剧舞台上的最佳男高音之一。帕瓦罗蒂具有十分漂亮的音色，在两个八度以上的整个音域里，所有音均能迸射出明亮、晶莹的光辉。

比尔·盖茨

比尔·盖茨，全名威廉·亨利·盖茨，美国微软公司的创始人、前任董事长。在《福布斯》全球亿万富翁排行榜中，比尔·盖茨曾经连续十多年蝉联世界首富。他和妻子梅琳达一直致力于公益慈善事业。

这是一个全世界人民都熟知的精英人物，他出生在美国西海岸西雅图的一个富足家庭，从小就展现过人的天分——在 13 岁的时候就能够开始电脑程序设计。

在 17 岁那一年，他卖掉了一个电脑编程作品，买主是他的高中学校，价格是 4200 美元。在此之后，他更是以 SAT（美国大学入学考试）标准化测试中 1590 分（满分 1600）的优异成绩考入哈佛大学，但三年之后，他选择了退学。

1975 年，比尔·盖茨与保罗·艾伦创办了微软公司，以研发、制造、授权和提供广泛的电脑软件服务业务为主，最终成为全球最大的电脑软件提供商。

2008 年 6 月 27 日，比尔·盖茨宣布正式退休，但仍然是微软公司的灵魂人物，并且担任董事长一职保证公司正常运营。

吉鸿昌

吉鸿昌，字世五，原名吉恒立，抗日英雄，爱国将领，河南省扶沟人。1913 年入冯玉祥部，从士兵递升至军长，骁勇善战。1932 年加入中国共产党，1934 年参与组织中国人民反法西斯大同盟，被推为主任委员，秘密印刷《民族战旗》报，宣传抗日，联络各方，准备重新组织抗日武装。

11 月 9 日，在天津法租界遭军统特务暗杀受伤，遭工部局逮捕。为置吉鸿昌于死地，宋美龄不遗余力，她拿公款向租界行贿，将吉鸿昌引渡到北平军分会。11 月 24 日，经蒋介石下令，吉鸿昌被杀害于北平陆军监狱，时年 39 岁。

苏轼

苏轼（1037 年 1 月 8 日—1101 年 8 月 24 日），字子瞻，又字和仲，号东坡居士，是宋代重要的文学家之一，更是唐宋八大家之一，宋代文学最高成就的代表之一。嘉祐（宋仁宗年号，1056~1063）年间“进士”。他的文笔汪洋恣肆，豪迈奔放，与韩愈并称“韩潮苏海”。其诗题材广阔，清新雄健，善用夸张比喻，独具风格，与黄庭坚并称“苏黄”。词开豪放一派，与辛弃疾同是豪放派代表，并称“苏辛”。又工书画。有《东坡七集》、《东坡易传》、《东坡乐府》等。

吴清源

著名围棋大师，1914 年出生福建福州，日籍华人，由于他在十番棋擂台击败了当时所有超一流高手，被称为“昭和棋圣”。他一生雄踞“天下第一”的无冕王位，提出了新布局思想以及以大雪崩内拐为代表的吴清源定式。在晚年时期，又将毕生精力放在了提携后进、促进围棋国际化和中国围棋的发展上，他更以毕生之体悟，融汇古老的中华文化，提出 21 世纪的围棋——六合之棋。

邱少云

邱少云（1926—1952），革命烈士，中国人民志愿军一级英雄。抗美援朝战争期间在一次执行潜伏任务时，不幸被敌人燃烧弹击中，全身被火焰燃烧，但邱少云为了不暴露目标，影响整体战斗部署，始终趴在火中，纹丝不动，直至光荣牺牲，用自己的生命换取了整场战斗的胜利，年仅 26 岁。

心灵修养用语微解

舒缓：指缓慢、缓和。出自晋朝潘岳的《笙赋》：“勃慷慨以憀亮，顾踌躇以舒缓。”明•吴承恩《寿熙台潘公八帙序》：“天且益厚之，使舒缓以观余庆，则大年遐福可契而取也。”

恐惧：是一种人类及生物心理活动状态；通常称为情绪的一种。恐惧是因为周围有不可预料不可确定的因素而导致的无所适从的心理或生理的一种强烈反应，是只有人与生物才有的一种特有现象。

紧张：是人体在精神及肉体两方面对外界事物反应的加强。紧张源于对未知的恐惧。紧张是因为想博取别人好的关注，又存在对未知的恐惧。这并非自信能根本解决的，因为未知的东西对于你来说是未知的。

压力：分精神与物理两个领域的定义。物理定义具有客观属性，是指垂直作用于流体或固体界面单位面积上的力；而从心理学角度看，压力是心理压力源和心理压力反应共同构成的一种认知和行为体验过程。

乐观：精神愉快，对事物的发展充满信心。与“悲观”相对。苏曼殊《碎簪》写道：“念天地之悠悠，惟有强颜欢笑，情郁于中，而外貌矫为乐观。”巴金《秋》中写道：“她永远保持着她的乐观，她的愉快的心情，她的勇气，她的欢笑。”

自信：是指自己相信自己。《墨子•亲士》：“虽杂庸民，终无怨心，彼有自信者也。”晋陆机《君子行》中写道：“近情苦自信，君子防未然。”宋朝曾巩《〈战国策〉目录序》中写道：“其说既美矣，卒以谓此书 战国 之谋士度时君之所能行，不得不然。则可谓惑于流俗，而不笃于自信者也。”

心胸豁达：豁达、大度，心胸开阔，不计较。形容人宽宏开通，能容忍。

情绪管理：情绪管理，心理学名词。指通过研究个体和群体对自身情绪和他人情绪的认识，培养驾驭情绪的能力，并由此产生良好的管理效果。

张弛有度：“张”是紧张、绷紧的意思，“弛”是放松、松懈的意思。张弛有度字面上的意思是松紧有度，收放自如。这通常用来形容一个人比较会生活，兼顾严肃活泼，该工作的时候工作，该休息的时候休息，潇洒自如。

磨刀不误砍柴工：要办成一件事，不一定要立即着手，而是先要进行一些筹划、进行可行性论证和步骤安排，做好充分准备，创造有利条件，这样会大大提高办事效率。

塞翁之马焉知非福：比喻一时虽然受到损失，反而因此能得到好处。也指坏事在一定条件下可变为好事。形容人的心态，一定要乐观向上，任何事情都有二面性，不好的一面，有可能向好的一面转化。语出《镜花缘》第七回：“处士有志未遂，甚为可惜，然塞翁失马，安知非福？”